[日] 川崎悟司 ◎ 著　董方 ◎ 译

跟动物交换身体

动物为何拥有这样的身体结构？

2

湖南文艺出版社
HUNAN LITERATURE AND ART PUBLISHING HOUSE

博集天卷
CS-BOOKY

推荐序

荒诞而严谨的真实

会飞的鸟，弹跳力惊人的青蛙，拥有深渊巨口的河马，"尝百草"的考拉，自由游弋的鲸……每种动物都有自己的特殊技能和生存优势。在科幻电影中，人类不止一次想要结合动物们的优势，制造出超级士兵；古人亦惊讶于动物的神奇，尝试着模仿动物的动作，编排出强身健体或攻击敌人的拳法；又有哪个小朋友不曾幻想过，生出一双翅膀在天空中翱翔是怎样一种体验？

当人类真正结合了动物的优势，身体会出现什么变化呢？《跟动物交换身体2》将告诉你答案。作者川崎悟司独创了一种"荒诞"的画法，用人类的身体来展示不同动物的特点，并重构了动物们"强化"后的骨骼图和"生活照"，带领读者探索鲨鱼、恐龙、鸵鸟、袋鼠、熊猫等多种动物的构造与演化的真相。荒诞与写实，猎奇与扎实，要达到两者的动态平衡其实极难，一旦成功，则令人激动万分。幸运的是，这本书做到了，真正实现了"人体变变变"！川崎悟司从一个非常特别的角度为读者清晰地解释了动物们的骨骼特征、行为姿态和生存优势。

这些荒诞又十分生动的画面着实引人入胜，作为科普读物，本书适合全年龄段的读者阅读。因为在荒诞的背后，有着科学性的支撑和体现。具体来说，作者解构了不同的动物骨骼，并科学严谨地让人类"如法炮制"，搭配合理的运动姿态，深入浅出地演绎演化之美；用动物之间的对比，解释了不同的生理现象。作者还精心选择了许多独特而有意义的化石动物图片，将动物们放入更大的时间和空间尺度，展示了动物的演化过程、演化关系，用严谨的笔触指出演化的方向，追溯动物们产生生存优势或者生理极限的原因。

作为青少年科普读物，《跟动物交换身体2》中的图片可以迅速引起孩子们的阅读兴趣，书中的科学知识绝不仅限于生物学范围，还包含数学、物理学、化学，甚至浅显易懂的医学知识。本书能够引导孩子发展科学看待事物的能力，启蒙孩子们的科学之路。

作为成人科普读物，《跟动物交换身体2》在扩展视野之余，还能凭借其夸张幽默的画风帮助读者轻松解压。行业的激烈竞争、生活的重担，现实社会中的种种压力都有可能让成年人喘不过气来。而阅读本书可以使人们暂时远离当下的生活，进入一个荒诞有趣的世界，充分发挥想象力，找到久违的童心，在会心一笑中理解动物世界的生存方式和生命力的强大。

古生物学者、科普作家　邢立达

鲨鱼的牙齿是鱼鳞

"如果人类的脚长成狗爪那样呢？""如果人类的胳膊换成鼹鼠的前肢呢？"……为了方便了解，我试图用人类的相对应部位来表示动物的一部分身体，于是便出了《跟动物交换身体》这本书，结果大受好评。本书则是《跟动物交换身体》的续作。

《跟动物交换身体》中所涉及的动物有两栖类、爬行类、鸟类和哺乳类。这些动物的共同之处就是都用四条腿在陆地上行走，我们称其为四足动物（除此之外，还有四肢类、四肢动物等叫法，但本书选用四足动物这一叫法）。

虽然说都是四足动物，但我们人类是靠两条腿直立行走，鸟类因为两条前腿变成了翅膀而靠两条后腿行走，作为哺乳动物的鲸鱼甚至无法在陆地上行走。然而，如果追溯进化之路的源头，就会发现大家的祖先都是用四条腿走路的动物。换言之，无论是鸟类还是鲸鱼，在很久以前都是用四条腿走路的动物。因此，它们都是四足动物的成员。

《跟动物交换身体》中只涉及四足动物，而本书在此基础上增加了鱼类，于是包括鱼类、两栖类、爬行类、恐龙、鸟类、哺乳类在内的所有脊椎动物全都登场了。既然涉及脊椎动物，本书便围绕脊椎动物的演化过程展开。

　　所有的脊椎动物身体里都有用来支撑身体的骨骼，如果把人类身体的一部分骨骼，换成其他动物相对应的部位会怎样呢？此外，我还试图尽可能用人体来帮助大家更直观地了解脊椎动物在演化过程中是如何为了适应环境而改变自己的体形的。请跟随我一路探寻下去吧！

川崎悟司

目 录

第 1 部分
脊椎动物的演化

第 2 部分
鱼类

第 3 部分
两栖类与爬行类

第 1 部分

脊椎动物的演化

Vertebrate evolution

脊椎动物

其他

软体动物

节肢动物

■ 演 化

所谓脊椎动物

现在大约有 140 万种动物生活在地球上，其中包括约 110
万种节肢动物，如昆虫、虾类等，它们占了绝大多数比例，还
有约 8.5 万种软体动物，如章鱼、贝类等，以及约 6.2 万种包
括我们人类在内的脊椎动物。图❶

本书讲述的就是脊椎动物。我们一般把脊椎动物分为鱼类、
两栖类、爬行类、鸟类以及哺乳类五大类（也有将原始鱼类单
独列为无颌类的，那样就变成六大类了）。

那么，什么是脊椎动物呢？顾名思义，就是所有有脊椎的

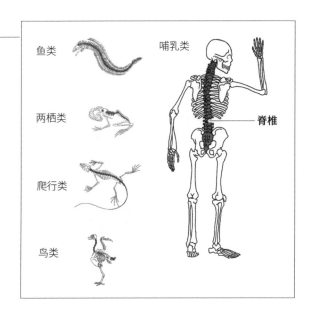

鱼类

哺乳类

两栖类

爬行类

鸟类

脊椎

动物。

　　人类属于脊椎动物，自然也有脊椎。脊椎即我们平时所说的脊柱，是用来支撑身体的中轴骨骼。鱼、青蛙、鳄鱼和鸟都是脊椎动物，有着差不多的脊椎。依靠脊椎来支撑身体，可以说是所有脊椎动物共有的特征。图 ❷

　　正因为脊椎动物以脊椎作为身体支柱，它们才能拥有节肢动物和软体动物所无可比拟的大体格。无论是存活至今的鲸鱼、大象，还是已经灭绝的远古生物——恐龙，它们都是典型的大体格脊椎动物。

图❶ 寒武纪以前的生物

图❷
寒武纪时期的生物

生死存亡的攻防之战愈演愈烈

■ 演 化
脊椎动物的祖先

　　早在陆地上还没有生物存在的寒武纪（约 5.42 亿至 4.95 亿年前），地球上就已经出现脊椎动物了。那是一个生物界发生巨变的时期，在此之前，地球上只有类似水母那样漂浮在海上的生物，以及静止在海底的低等生物。**图❶**

　　但在寒武纪时期却涌现出了大量的新生命，包括拼命游水的、能用眼睛准确把握猎物位置后积极捕获的，以及凭借硬壳或尖刺与敌人抗衡的生物。这些生物几乎都是节肢动物和软体

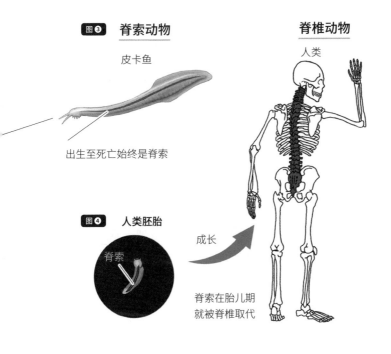

图❸ 脊索动物

皮卡鱼

脊椎动物

人类

出生至死亡始终是脊索

图❹ 人类胚胎

脊索

成长

脊索在胎儿期
就被脊椎取代

动物。**图❷**

在生物界群雄割据的寒武纪，皮卡鱼这样的弱小势力居然可以顽强地生存下来，它们甚至连最起码的保护身体的硬壳都没有。**图❸** 皮卡鱼是一种身长 4 厘米左右的细长条生物，身体被一条轴索前后贯穿。这条被称为脊索的组织，其实是柔韧的棒状结构。我们把拥有脊索的动物称为脊索动物，其中包括现在的头索动物。脊椎动物也有脊索，只不过在演化过程中逐渐退化，被硬骨构成的脊椎替代了。**图❹**

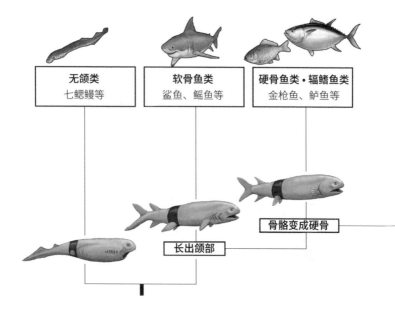

无颌类	软骨鱼类	硬骨鱼类·辐鳍鱼类
七鳃鳗等	鲨鱼、鳐鱼等	金枪鱼、鲈鱼等

骨骼变成硬骨

长出颌部

■ 演化

脊椎动物的演化过程（从诞生到登陆）

在这里，我将会对脊椎动物的整个演化过程进行概述，重点及具体内容会在之后各个部分中加以详细说明。

脊椎动物从用柔韧的脊索支撑身体，演化成用由硬骨构成的脊椎支撑身体，它们的身体里开始出现包括软骨在内的骨骼。鱼类是最先登场的脊椎动物，当时它们没有颌部，被统称为无颌类。大部分古代无颌类都已灭绝，现存的只有七鳃鳗和盲鳗。

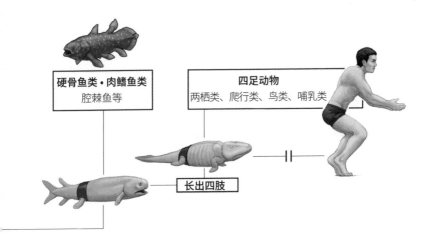

硬骨鱼类·肉鳍鱼类
腔棘鱼等

四足动物
两栖类、爬行类、鸟类、哺乳类

长出四肢

志留纪（约 4.44 亿至 4.20 亿年前）出现的一些鱼类，它们用来支撑鱼鳃的鳃弓变成了颌骨。

包括鲨鱼在内，演化出颌骨的鱼类拥有了由软骨组成的骨骼。不过之后，在这些鱼类中又出现了拥有硬骨的硬骨鱼类。现在，硬骨鱼类包括金枪鱼、鲈鱼等这些占鱼类绝大多数的辐鳍鱼类和包括腔棘鱼等在内的肉鳍鱼类。之后进入泥盆纪（约 4.20 亿至 3.59 亿年前），肉鳍鱼类的鳍骨变成了四肢骨。于是，脊椎动物中首次出现用四足登陆的动物，并且从此开始在陆地上生活。我们把鳍变成四肢的脊椎动物叫作四足动物。

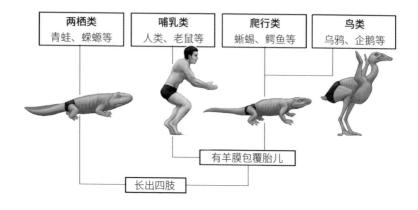

两栖类	哺乳类	爬行类	鸟类
青蛙、蝾螈等	人类、老鼠等	蜥蜴、鳄鱼等	乌鸦、企鹅等

有羊膜包覆胎儿

长出四肢

■ 演 化

脊椎动物的演化过程（四足动物登陆后的演化）

　　脊椎动物中把演化舞台转向陆地的四足动物有两栖类、爬行类、鸟类以及哺乳类。最初的四足动物是水陆两栖的，它们产下的卵无法适应干燥的陆地环境，只能产在水里。到了石炭纪（约 3.59 亿至 2.99 亿年前），从这些两栖类中演化出一支羊膜类，它们在干燥的陆地环境中也能产卵。羊膜类主要分为下孔类和双孔类，其中下孔类是哺乳类的先驱，而双孔类则是爬行类与鸟类的祖先。这三大类动物已经完成了上陆繁殖，并将栖息地逐渐扩大到水域较少的内陆地区，实现了多样的演化过程。

第 2 部分

鱼 类

Fish

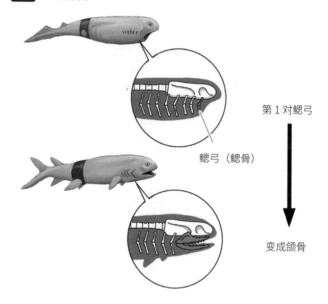

图❶ 无颌类

第 1 对鳃弓

鳃弓（鳃骨）

变成颌骨

▪ 演 化

最初的革命•颌部的出现

　　无颌类是最早的脊椎动物，就如同名字一样，它们没有颌部，是一种全身只有前端开了一个圆口的鱼类。绝大多数无颌类早在远古时期就已经灭绝，七鳃鳗是少数幸存者之一。七鳃鳗两侧的眼睛后面各有 7 个鳃孔，看上去像 8 对眼睛，因此也被称为八目鳗。七鳃鳗用鳃呼吸，通过从圆口吸入水后再从 7 个鳃孔排出的方式来进行气体交换。它们的头部两侧排列着一些细小的鳃骨，这些上下成对的骨头被称为鳃弓。

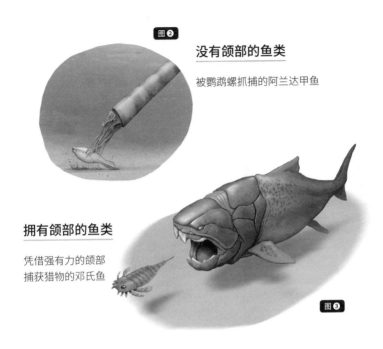

没有颌部的鱼类

被鹦鹉螺抓捕的阿兰达甲鱼

图❷

拥有颌部的鱼类

凭借强有力的颌部
捕获猎物的邓氏鱼

图❸

　　有颌鱼类出现在志留纪。这些鱼类的颌部，可能是由一部分无颌类的第 1 对鳃弓演变而来。 图❶ 有了颌部就可以咬住猎物，这个看似微小的变化对鱼类意义重大。在此之前，没有颌部的鱼类是生态系统中的弱势群体，它们是软体动物鹦鹉螺和节肢动物海蝎的盘中餐。 图❷ 可是，因为有了颌作为武器，鱼类的黄金时代便在接下来的泥盆纪到来了，凭借超强巨颌制霸海洋生态系统的邓氏鱼闪亮登场。 图❸

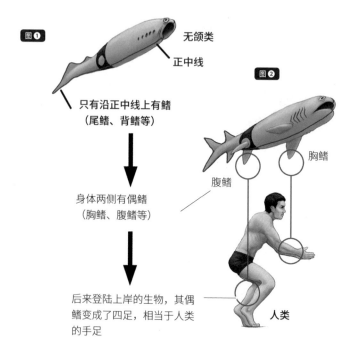

图❶

无颌类

正中线

只有沿正中线上有鳍
（尾鳍、背鳍等）

身体两侧有偶鳍
（胸鳍、腹鳍等）

后来登陆上岸的生物，其偶
鳍变成了四足，相当于人类
的手足

图❷

胸鳍

腹鳍

人类

■ 演化

机动力的提高与偶鳍的产生

　　鱼类自从有了颌部，就立刻从生态系统中的弱者变成了捕
食猎物的强者。然而，要想依靠颌部作为捕食武器来接近猎物，
还要具备快速移动的能力。大多数无颌类的背鳍或尾鳍只长在
正中线（身体正中）的位置，游泳能力低下。图❶ 后来，它们
在身体两侧发育出一对胸鳍和腹鳍，提高了游泳能力，外形上
也更接近鱼类了。图❷

　　鲨鱼家族出现在泥盆纪，它们中的裂口鲨被认为是最古老

昆明鱼

大约生活在 5.24 亿年前，被视为最古老的鱼类，很可能有偶鳍

图❸

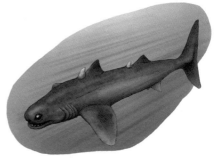

裂口鲨

最古老的鲨鱼，有偶鳍，机动力强

的鲨鱼。图❸ 裂口鲨全长约 2 米，尾鳍较大，能产生强劲的推动力。不仅如此，它们的胸鳍与腹鳍也十分发达，擅长在海里上升、下降、掉转方向和紧急制动（突然前行或停止的能力），其机动力在当时的海洋世界首屈一指。另外，作为最古老的鲨鱼，裂口鲨的外貌与现代鲨鱼的差别并不大。可以说从那时起，鲨鱼家族在水下的超高机动力和用颌部捕食的生存方式，就决定了它们外貌体形的演化方向。

再往后，这些对提高鱼类游泳能力做出贡献的胸鳍和腹鳍又将演变成四肢。

图❶ **软骨鱼类** 鲨鱼的骨骼

骨骼由软骨构成

图❷ **硬骨鱼类** 鲈鱼的骨骼

骨骼由硬骨构成

鱼鳍上有若干被称为鳍棘的条状物

▪ 演 化

现在最为繁盛的辐鳍鱼类

鲨鱼家族的骨骼都是由富有弹性的软骨构成，像这样的鱼类被称为软骨鱼类。图❶

相对地，拥有大量石灰质硬骨的鱼类则被称为硬骨鱼类。人类与硬骨鱼类一样，用来支撑身体的大部分骨骼都是硬骨。

硬骨鱼类最早出现在志留纪，而硬骨鱼类中的辐鳍鱼类正是在这一时期出现的。辐鳍鱼的特征是胸鳍、尾鳍等鳍上有若干被称为鳍棘的条状物，支撑鳍的正是这些鳍棘。图❷ 辐鳍鱼

图③　现有鱼类的总数

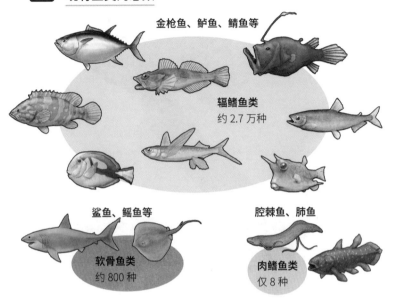

金枪鱼、鲈鱼、鲭鱼等

辐鳍鱼类
约 2.7 万种

鲨鱼、鳐鱼等

软骨鱼类
约 800 种

腔棘鱼、肺鱼

肉鳍鱼类
仅 8 种

出现在泥盆纪之前的志留纪，可当时软骨鱼类中的盾皮鱼与同是硬骨鱼类的棘鱼势力强大，辐鳍鱼属于少数派的存在。

但在后来，盾皮鱼和棘鱼的势力慢慢衰弱并且最终走向灭绝，而一直占少数的辐鳍鱼则逐步走向繁盛。现在，绝大部分鱼类都是辐鳍鱼，种类约 2.7 万种，可以说是脊椎动物中种类最多的群体，占了 6.2 万种脊椎动物总数的将近一半。**图③** 鲭鱼、鲑鱼、鲷鱼、秋刀鱼、金枪鱼等很多我们平时食用的鱼，几乎都属于辐鳍鱼。

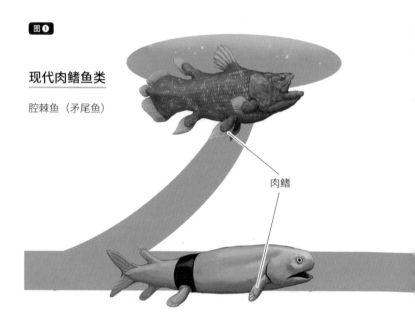

图❶

现代肉鳍鱼类

腔棘鱼（矛尾鱼）

肉鳍

■ 演 化

第二次革命・变成手足的鳍

　　在现存的鱼类中，辐鳍鱼占了绝大多数，不过还有少部分肉鳍鱼苟延残喘。与 2.7 万种辐鳍鱼相比，现存的肉鳍鱼只有 8 种，包括 2 种独自栖息在深海的腔棘鱼和 6 种生活在淡水流域（池塘、河流等）并且用肺呼吸的肺鱼。[①]

　　然而，继鱼类在志留纪演化出颌部之后，肉鳍鱼掀起了脊椎动物史上的第二次革命。肉鳍鱼的特征是它们的胸鳍和腹鳍

①也有资料显示现存肺鱼仅 3 属 5 种。——编者注

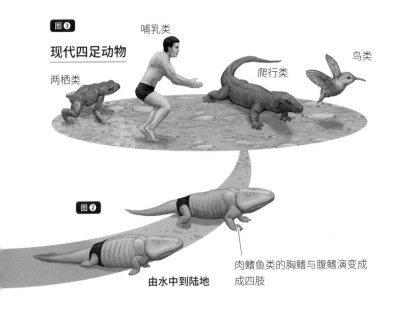

图❸

现代四足动物

哺乳类

两栖类

爬行类

鸟类

图❷

由水中到陆地

肉鳍鱼类的胸鳍与腹鳍演变成
成四肢

等鳍均为肉鳍，并且这些肉质鳍内都含有骨骼和肌肉。图❶ 相比其他鱼类的鳍的结构，肉鳍鱼的肉鳍更接近我们人类的四肢。它们左右成对的胸鳍和腹鳍变成了四肢，演化成可以在陆地上行走的四足动物。图❷ 这是一次生物改变环境的大变革，它们将栖息地从水中扩大到完全不同的陆地上。

之后，四足动物为了适应陆地这一新环境，演变出了各种形态。两栖类、爬行类、鸟类与哺乳类都是由早期四足动物演化而来的。而现在，这些四足动物的种类数量，已经占据了脊椎动物全部种类数量的一半。图❸

鲨鱼

Shark

鲨鱼鼻尖突出，嘴巴靠后，这样的嘴形看起来似乎很难咬住猎物，但事实上鲨鱼靠后的下颌部分可以单独朝前弹出。由于鲨鱼的颌骨与头骨是分离的，仅靠韧带与肌肉相连，因此颌部可以脱离头盖骨独立活动。另外，这种结构还能在大力咬合时起到减震作用，避免头部受到冲击。

如果人类有这样的身体结构……

通常状态

捕食状态

鲨鱼人

鲨鱼人变身法

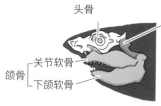

头骨

舌颌软骨

关节软骨

颌骨

下颌软骨

鲨鱼的头骨与颌部软骨分离，依靠舌颌软骨连接

捕食猎物时只弹出颌部软骨，咬住猎物

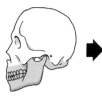

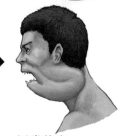

人类的颌骨与头骨彼此相嵌

将人的颌骨换上鲨鱼的颌骨

通常状态
完成变身！

捕食猎物时让颌骨单独弹出

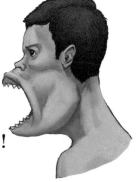

捕食状态
完成变身！

由鱼鳞变来的牙齿

三叶虫化石、菊石化石和鲨鱼牙齿化石是化石界的三大重要标志化石。这三种化石的产出量特别大。

鲨鱼经常掉牙，一生要换几万颗牙齿，而鲨鱼家族早在3.7亿年前就出现了，直到现在都没有灭绝，所以能产出大量牙齿化石不足为奇。我们人类的牙齿是牢牢嵌在颌骨里的，因而不易掉落；而鲨鱼的牙齿仅仅靠牙龈支撑，一咬猎物就会脱落。不过，就算前排的牙齿掉了，后面的备用牙齿也会立刻向前移动，填补缺牙的位置。图❶

据说，鲨鱼的牙齿原本是排列在身体表皮上的鳞片，叫作盾鳞，后来转移到嘴里就变成了牙齿。图❷ 因此，鲨鱼的盾鳞也叫作皮齿。正是皮肤上长有细齿一样的鳞片，才导致鲨鱼体表粗糙，形成鲨鱼皮。

事实上，不仅是鲨鱼，包括我们人类在内的脊椎动物，牙齿都并非生来就长在颌部，而是从皮肤上的鳞片演化而来。

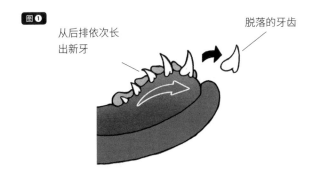

图❶

从后排依次长出新牙

脱落的牙齿

鲨鱼下颌的横截面

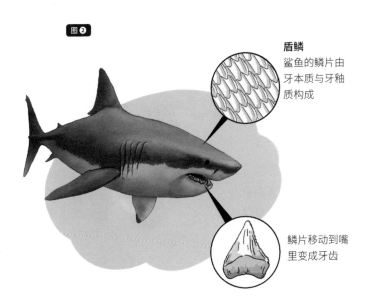

图❷

盾鳞
鲨鱼的鳞片由牙本质与牙釉质构成

鳞片移动到嘴里变成牙齿

海鳝

Moray eel

海鳝是一种凶猛的大型肉食性鱼类，被称为"海盗"。它们的颌部长有锋利的牙齿，不仅如此，咽喉深处还有另一张类似的"嘴"。当海鳝张开大嘴时，第二张"嘴"就会从咽喉部伸出，咬住猎物后将其拖入口中。

如果人类有这样的身体结构……

海鳝人

海鳝人变身法

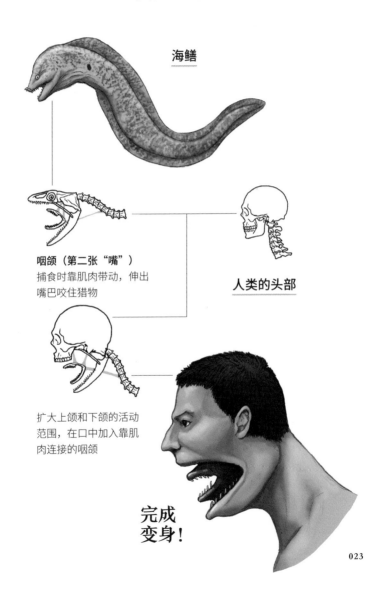

海鳝

咽颌（第二张"嘴"）
捕食时靠肌肉带动，伸出
嘴巴咬住猎物

人类的头部

扩大上颌和下颌的活动
范围，在口中加入靠肌
肉连接的咽颌

完成
变身！

海鳝的两张"嘴"

海鳝是一种栖息在温暖的浅海区域的鱼类。它们通常隐居在岩石或珊瑚的缝隙中，却被认为是贪婪的肉食性鱼类，是珊瑚礁和岩石礁中的顶级掠食者。海鳝用自己的大嘴捕食鱼类、贝壳类、头足类等小型动物。作为章鱼的天敌，它们更是闻名遐迩。

只要海鳝一开口，被视为第二张"嘴"的咽颌就会从口腔内伸出。咽颌是由支撑鱼鳃的鳃弓演化而来的。事实上，鲤科鱼类也有类似海鳝咽颌这样的结构，并且同样是由鳃弓演化而来的，那些长在咽喉深处的牙齿被称为咽齿。鲤科鱼类的颌骨上没有牙齿，是靠突出的上颌与下颌共同配合将食物吸入口中，通过咽喉深处的咽齿彼此摩擦来嚼碎食物的。 图❶ 据说，这些咽齿的咬合力超级强悍，差不多可以将 10 日元的硬币咬弯。

不过，海鳝的情况又和鲤科鱼类有所不同，它们的鳃孔偏小，鳃盖的可动幅度也有限，所以瞬间吸水能力较弱，无法像鲤科鱼类那样把大量食物吸入口中。换言之，海鳝用从咽喉部伸出的咽颌咬住猎物并拖入口中的方式，代替了鲤科鱼类那种把食物吸入口中的能力。 图❷

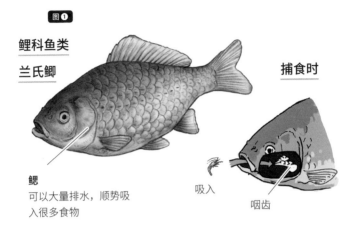

鲤科鱼类

兰氏鲫

捕食时

鳃
可以大量排水，顺势吸
入很多食物

吸入

咽齿

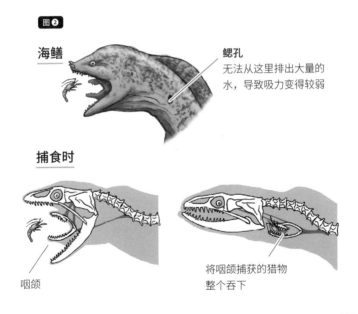

海鳝

鳃孔
无法从这里排出大量的
水，导致吸力变得较弱

捕食时

咽颌

将咽颌捕获的猎物
整个吞下

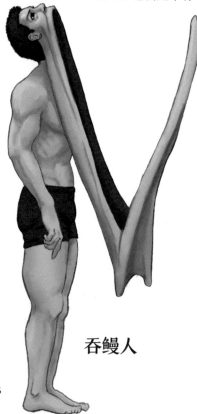

如果人类有这样的身体结构……

鱼 类

吞鳗

Pelican eel

吞鳗栖息在全世界各大洋水深 500 米至 7800 米的深海水域，最长的吞鳗身长可达 80 厘米。它们用伞骨一样细长的上下颌骨共同支撑大到夸张的宽嘴。吞鳗的颌骨长度居然是头骨长度的 10 倍之多。

吞鳗人

吞鳗人变身法

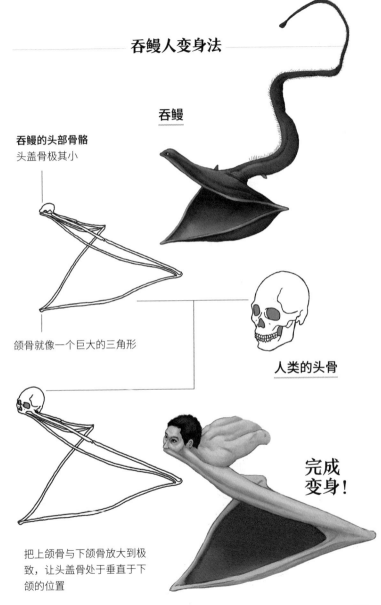

吞鳗

吞鳗的头部骨骼
头盖骨极其小

颌骨就像一个巨大的三角形

人类的头骨

把上颌骨与下颌骨放大到极致，让头盖骨处于垂直于下颌的位置

完成变身！

深海中静待猎物的宽嘴吞噬者

2010 年，科学家比较 56 种鳗鲡目的线粒体 DNA 后发现，吞鳗和日本鳗鱼竟然是亲属关系。**图❶**

日本鳗鱼生活在距离深海较远的淡水水域（河流等），却会在距离日本 3000 千米以外的北马里亚纳群岛（关岛、塞班岛等）以西的深海海域繁殖产卵。在深海产出的幼体鱼苗（柳叶状幼体）随海流漂游，从鱼苗变成幼鳗，最后在日本的淡水水域成鱼。深受大家喜爱的美味的鳗鱼，就是来自关岛和塞班岛的一种深海鱼。

有人认为鳗鱼的祖先一开始可能就栖息在深海，但为了获取更充足的食物，它们中的一部分来到了淡水环境生长，就有了现在的鳗鱼。

相对地，一辈子生活在深海的吞鳗，似乎是为了在食物紧缺的环境中轻松捕食，才演化出如此大到夸张的宽嘴。吞鳗竖立身体，张开大如麻袋的嘴，等待小型贝壳类等猎物自动送上门来。当接满猎物慢慢合上嘴时，再通过鳃孔将嘴里的水排出，滤取食物后一口吞下。**图❷** 由于嘴形的缘故，吞鳗也被叫作鹈鹕鳗。

图❶ **鳗鱼与吞鳗是近亲**

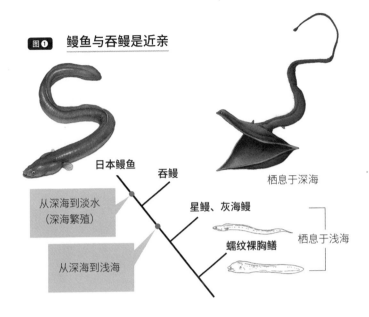

日本鳗鱼　吞鳗

从深海到淡水
（深海繁殖）

星鳗、灰海鳗

蠕纹裸胸鳝

从深海到浅海

栖息于深海

栖息于浅海

图❷ **吞鳗的捕食方法**

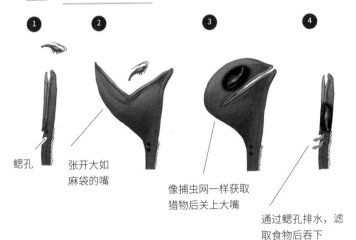

1　2　3　4

鳃孔

张开大如
麻袋的嘴

像捕虫网一样获取
猎物后关上大嘴

通过鳃孔排水，滤
取食物后吞下

肺鱼

Lungfish

肺鱼，就像它们的名字一样，是一种用肺呼吸的鱼类。肺鱼和腔棘鱼都是肉鳍鱼类的成员，有着含有骨骼和肌肉的肉鳍。肺鱼的偶鳍（胸鳍、腹鳍）相当于人类的手足。原始澳洲肺鱼具有肉质较厚的偶鳍，而南美肺鱼和非洲肺鱼的偶鳍则退化成鞭状肉鳍。

如果人类有这样的身体结构……

肺鱼人

肺鱼人变身法

肺鱼

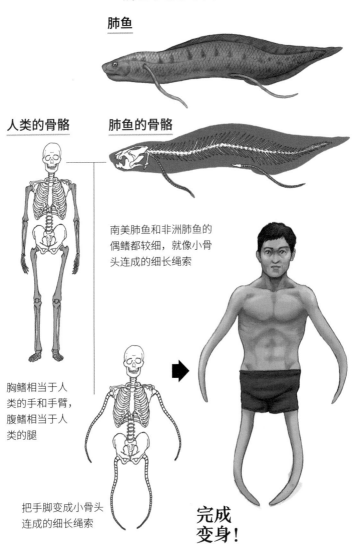

人类的骨骼　肺鱼的骨骼

南美肺鱼和非洲肺鱼的
偶鳍都较细，就像小骨
头连成的细长绳索

胸鳍相当于人
类的手和手臂，
腹鳍相当于人
类的腿

把手脚变成小骨头
连成的细长绳索

**完成
变身！**

缺水季在土中夏眠的鱼类

肺鱼出现在泥盆纪，根据出土化石，它们曾经是一个种类众多的繁荣家族。可现在肺鱼的种类却少得可怜，仅剩下6种仍存活于世，包括4种非洲肺鱼（非洲肺鱼属）、1种澳洲肺鱼（澳洲肺鱼属），以及1种南美肺鱼（美洲肺鱼属）。 图❶

肺鱼和其他鱼类一样，也有鳃，但它们主要靠肺来呼吸。大多数硬骨鱼都有鳔，里面充满了气体，是消化管的一部分。而肺鱼的鳔则变成了肺，可以用来呼吸空气。

澳洲肺鱼被认为是现存肺鱼中的原始物种，它们的叶状偶鳍与其他鱼类一样，但不太发达的肺部不能吸入足够的氧气，大部分时间在水中通过鳃来呼吸，无法在陆地生活。

相对地，拥有鞭状偶鳍的南美肺鱼和非洲肺鱼，肺部发达，完全可以用肺来呼吸。因此，在河流干枯的旱季，这些肺鱼可以在河床的淤泥中夏眠，以休眠的状态等待雨季来临时雨水将河床填满。它们会像冬眠的动物一样，尽量把代谢降到最低，依靠储存在尾部的脂肪度日，一直挨到下一个雨季来临。 图❷

图❶ **肺鱼的种类**

澳洲肺鱼

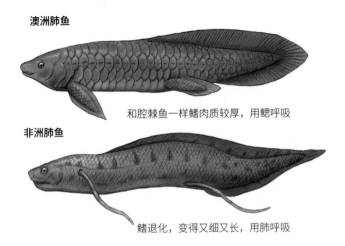

和腔棘鱼一样鳍肉质较厚，用鳃呼吸

非洲肺鱼

鳍退化，变得又细又长，用肺呼吸

图❷ **非洲肺鱼与南美肺鱼的夏眠**

雨季

在水里过活时，头部会露出水面呼吸

旱季

河流干枯时在淤泥中打洞，在黏液与淤泥混合的茧状洞穴里夏眠。和进入冬眠状态的动物一样，它们会把身体代谢降到极低的水平，以减少热量消耗

腔棘鱼

Coelacanth

　　腔棘鱼的鳍肉质较厚，和人类的手脚一样有骨骼和肌肉。除了2条胸鳍、2条腹鳍以外，还有3条人类没有对应部位的背鳍、2条臀鳍和1条尾鳍，共计10条鳍。

如果人类有这样的身体结构……

腔棘鱼人

腔棘鱼人变身法

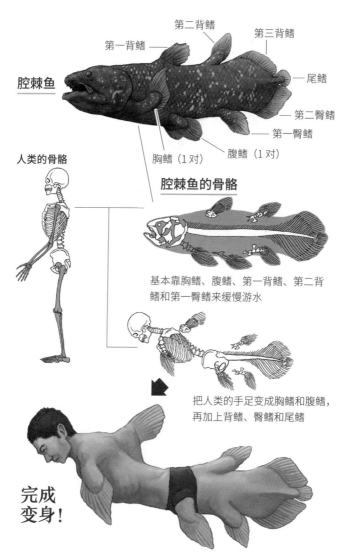

第二背鳍

第一背鳍

第三背鳍

腔棘鱼

尾鳍

第二臀鳍

第一臀鳍

胸鳍（1对）

腹鳍（1对）

人类的骨骼

腔棘鱼的骨骼

基本靠胸鳍、腹鳍、第一背鳍、第二背鳍和第一臀鳍来缓慢游水

把人类的手足变成胸鳍和腹鳍，再加上背鳍、臀鳍和尾鳍

完成
变身！

■ 历史

一度被认为已灭绝的谜一样的鱼类

作为深海鱼，腔棘鱼一般生活在水下 200 米左右的深海中，直到近代才被发现，因而被认为是"活化石"。1938 年，人类在南非东北海岸首次捕获到活的腔棘鱼，而在此之前，它们仅作为化石为人所知。大部分科学家认为腔棘鱼和恐龙、菊石等一样，早在 6600 万年前的生物大灭绝时代就已经绝种了。因此，活体腔棘鱼的发现作为世纪大发现而震惊了全世界。

腔棘鱼家族最早出现在 4 亿年前，现在家族中矛尾鱼属的两个物种仍然栖息在深海。然而，从化石得知，古代腔棘鱼的种类高达 90 多种，生活过的水域颇为广泛，从浅海到河流、湖泊都有它们留下的"足迹"。

然而，6600 万年前往后的腔棘鱼化石还没有被发现过，所以大家才认为它们已经绝种了。不过也有人认为腔棘鱼只栖息于深海，所以才没有留下化石。也许是因为生活在水下 200 米左右的深海，没有大型鲨鱼等天敌，腔棘鱼才能一直保持原始的样子生存至今。也许是因为栖息在深海的其他生物较少，没有争夺食物的竞争对手，也没有天敌，所以这些原始生物更容易生存下来。

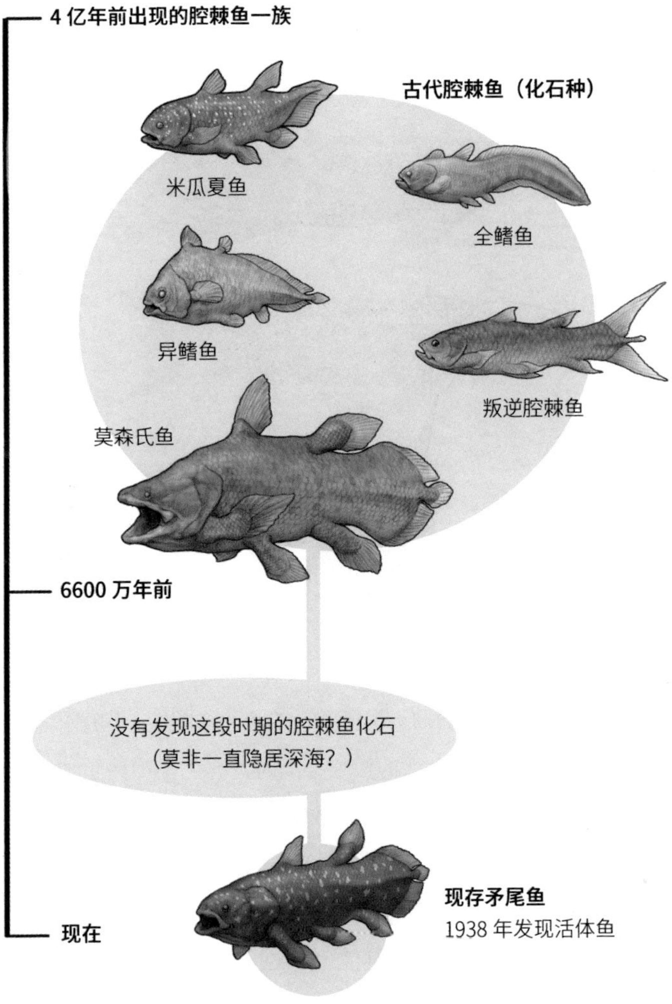

4 亿年前出现的腔棘鱼一族

古代腔棘鱼（化石种）

米瓜夏鱼

全鳍鱼

异鳍鱼

叛逆腔棘鱼

莫森氏鱼

6600 万年前

没有发现这段时期的腔棘鱼化石
（莫非一直隐居深海？）

现存矛尾鱼
1938 年发现活体鱼

现在

真掌鳍鱼

生活在 3.85 亿年前

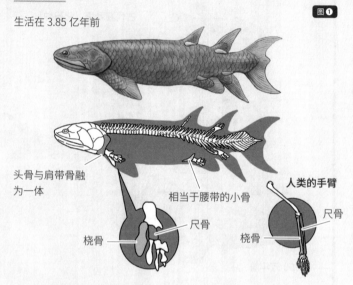

图❶

头骨与肩带骨融为一体

相当于腰带的小骨

桡骨　　尺骨

人类的手臂

尺骨

桡骨

真掌鳍鱼和提塔利克鱼

在鱼类到四足动物（两栖类）的演化过程中，肉鳍鱼类是脊椎动物适应陆地生活的桥梁。当时，有一类肉鳍鱼体长 60 厘米左右，我们称它们为真掌鳍鱼。科学家已经确认，在这些真掌鳍鱼的胸鳍上，有类似人类后臂骨以及从手肘到手腕间的尺骨与桡骨的骨骼。 图❶ 也就是说真掌鳍鱼虽然长着鱼类的样子，但胸鳍的结构相对其他鱼类更接近我们人类的手臂。

然而，相比真掌鳍鱼，还有一类被称为提塔利克鱼的肉鳍鱼，它们的身体结构更接近四足动物。提塔利克鱼胸鳍上类似

提塔利克鱼

生活在 3.75 亿年前

图❷

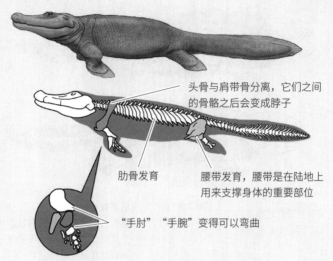

头骨与肩带骨分离,它们之间的骨骼之后会变成脖子

肋骨发育

腰带发育,腰带是在陆地上用来支撑身体的重要部位

"手肘""手腕"变得可以弯曲

人类后臂骨、桡骨、尺骨的骨骼之间,甚至还有关节。换言之,它们类似人类手肘和手腕的地方,都可以自由弯曲。它们的鳍前端还可以像人类的手掌那样接触地面,甚至能完成类似俯卧撑的动作。这种用鳍支撑身体的技能,让它们距离在陆地上行走更近了一步。提塔利克鱼还具有一些非鱼类的特征。首先,它们拥有鳄鱼那样扁平的头骨,眼睛长在头顶而不像其他鱼类长在两侧。其次,头部与肩部分离,不像其他鱼类基本都连在一起。因此,它们的头部与肩部之间形成了"脖子",这也是提塔利克鱼的一大特征。图❷ 不仅如此,它们的体轴上没有背鳍和臀鳍。如此一来,它们距离鱼类的形象就更遥远了。

鱼石螈

生活在 3.65 亿年前

图❸

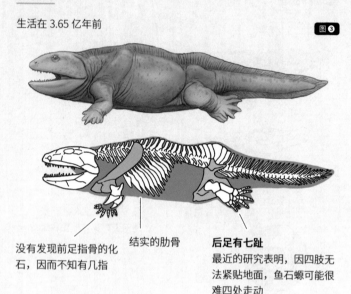

没有发现前足指骨的化石，因而不知有几指

结实的肋骨

后足有七趾
最近的研究表明，因四肢无法紧贴地面，鱼石螈可能很难四处走动

鱼石螈

　　鱼石螈比提塔利克鱼更接近四足动物，堪称迄今为止最古老的四足动物。鱼石螈的鳍变成了足，并且它们的后足有七趾。可遗憾的是，目前还没有找到鱼石螈前足的化石，因此不知道它们的前足是否有指以及指的具体数量。鱼石螈粗壮的肋骨紧密堆叠，骨骼结构十分坚固，因此很难在水中扭动身体游泳。科学家认为，它们转向陆地生活是为了保护内脏不受重力影响，但后足有趾的足部结构让鱼石螈的四肢无法紧贴地面，似乎很难在陆地上随意行走。图❸

第 3 部分

两栖类与爬行类

Amphibian
Reptiles

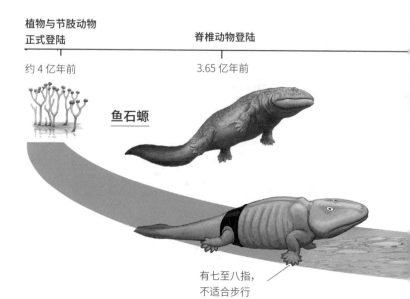

植物与节肢动物
正式登陆

脊椎动物登陆

约 4 亿年前

3.65 亿年前

鱼石螈

有七至八指，
不适合步行

▪ 演 化

最初的四足动物·两栖类

　　最先从水中到陆地的生物是植物以及螨虫、跳虫等节肢动物。距离它们正式登陆大约 4000 万年后，脊椎动物中的一部分两栖类也首次成功登陆了。相较于节肢动物，脊椎动物不仅体格庞大，身体构造也复杂得多，也许正因此才需要更长的演化时间，以适应陆地生活。

　　鱼石螈是最先完成登陆的两栖类（参见 P40），但科学家发现它们的后足有七趾，无法完全接触地面，并不适合在陆地上行走，因此推测鱼石螈当时很可能仍然十分依赖在水中生活。

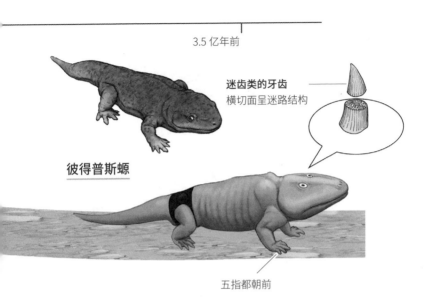

3.5 亿年前

迷齿类的牙齿
横切面呈迷路结构

彼得普斯螈

五指都朝前

之后，进入石炭纪，出现了一种叫作彼得普斯螈的两栖类。彼得普斯螈的四肢均有五指（趾），并且都朝前生长，这使得它们实现了真正意义上的陆地行走。

这些两栖类的个头比其他生物都大，在陆地上几乎没有敌手。尽管它们已经成功登陆，但并没有完全脱离水域环境。好在当时还没有鳄鱼这样的爬行类，彼得普斯螈才得以成为水边世界的霸主。它们尖锐的牙齿表面有复杂的牙釉质褶皱，牙齿横切面呈迷路结构，因此被称为迷齿类。然而，后来鳄鱼家族的出现使得彼得普斯螈在生存竞争中被淘汰，大约在 1 亿年前走向灭绝。

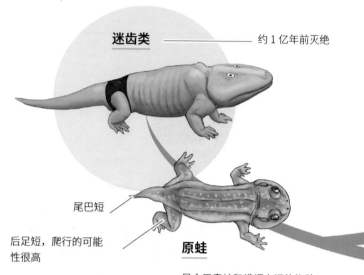

迷齿类 ———————————— 约 1 亿年前灭绝

尾巴短

后足短，爬行的可能
性很高

原蛙

是介于青蛙和蝾螈之间的物种

▪ 演 化

青蛙与蝾螈的共同祖先

科学家推测，大约消失于 1 亿年前的迷齿两栖类之中，曾经有一类巨大的物种身长竟达到 9 米。尽管体形如此庞大，却依然逃不了灭绝的命运，最后只留下现代青蛙和蝾螈等滑体两栖类。

然而，在已灭绝的迷齿类中，有一个物种与青蛙、蝾螈这些现代两栖类有着密切的关系。它们就是生活在二叠纪的蛙蝾。蛙蝾不同于众多体形庞大的迷齿类，身体仅有 11 厘米长，大小与现代两栖类相差无几。1995 年，原蛙化石在美国得克萨斯州

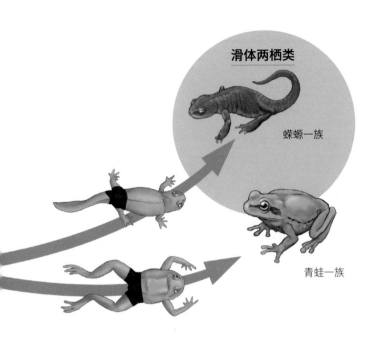

滑体两栖类

蝾螈一族

青蛙一族

被发现。2008年，原蛙被证实为青蛙（无尾目）和蝾螈（有尾目）的共同祖先。

原蛙作为青蛙和蝾螈的共同祖先，集两者的一些特征于一身，长相颇为混杂。扁平头骨和耳部构造类似青蛙，椎骨数又介于青蛙（椎骨少）与蝾螈（椎骨多）之间。

原蛙尾巴的长度同样介于两者之间，因为青蛙家族没有尾巴，而蝾螈家族恰恰又拥有一条长尾巴。此外，原蛙的后足没有青蛙长，应该无法灵活跳跃。据推测，原蛙更可能是像蝾螈那样，在陆地爬行，在水中游泳。

蝾螈

Newt

我们人类的两条腿长在垂直于身体以下的位置，并依靠双腿直立行走。而蝾螈等两栖爬行类，它们的四肢长在身体两侧，靠趴在地上爬行移动。此外，我们有 5 根手指，而蝾螈和青蛙等两栖类的前足只有四指。

> 如果人类有这样的身体结构……

蝾螈人

蝾螈人变身法

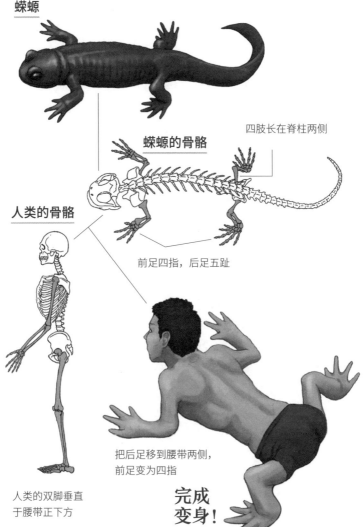

蝾螈

蝾螈的骨骼

四肢长在脊柱两侧

人类的骨骼

前足四指，后足五趾

人类的双脚垂直
于腰带正下方

把后足移到腰带两侧，
前足变为四指

**完成
变身！**

四指前足

我们人类有5根手指和5根脚趾，而像蝾螈和青蛙等两栖类，是后足有五趾，前足只有四指。鱼石螈等早期四足动物的四肢虽然有六至八趾，但在后来基本上都演化成五趾，其中两栖类的前足只有四指。图❶

在已经灭绝的两栖类动物中，迷齿类占了很大比例，它们中的离片椎目与现代两栖类一样，前足也是只有四指。据说现代两栖类就是继承了离片椎目的这一特点。图❷

然而，现代爬行类却与两栖类不同，它们的前足扎扎实实都长有五指。爬行类从两栖类演化而来，迷齿类中除了离片椎目，还有一个被称为石炭蜥目的类群，据说它们与爬行类等羊膜类关系紧密。毕竟它们和现代爬行类一样，前足都有五指。图❸

有科学家认为，古代两栖类很早就分成了这样两类：一类是与现代青蛙、蝾螈有关的两栖类，另一类则是与鳄鱼、蛇、乌龟等有关的爬行类。

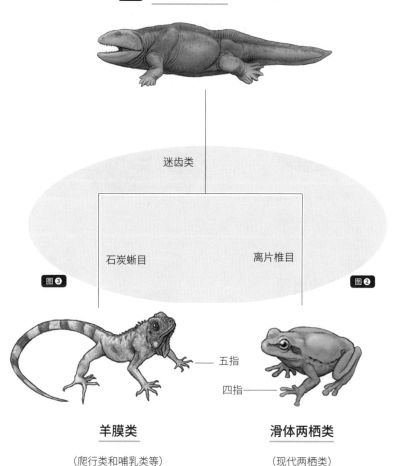

图❶ **早期四足动物** 六至八指（趾）

迷齿类

石炭蜥目 离片椎目

图❸ **图❷**

五指

四指

羊膜类

（爬行类和哺乳类等）

滑体两栖类

（现代两栖类）

两栖类中也曾有过大型物种，并在当时处于支配地位，但它们必须在水中产卵，无法离开水生环境，因此在陆地上的栖息范围受到限制

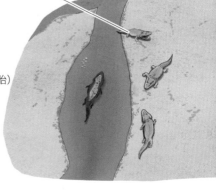

图❶ **两栖类的受精卵**

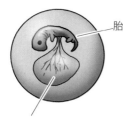

胎儿（胚胎）

卵黄（为胚胎发育提供营养）

▪ 演 化

爬行类的出现

　　自从肉鳍鱼类的鳍变成四肢后，两栖类便扩大了在陆地上的栖息范围。于是在大约 5000 万年之后，爬行类出现了。我们通过化石得知，最古老的爬行类是生活在距今 3.15 亿年的林蜥，那是一种身长约 30 厘米、外形像蜥蜴的生物。爬行类从两栖类中脱颖而出，会引起怎样翻天覆地的变化呢？

　　最大的变化就是爬行类可以在陆地上产卵了。鱼类和两栖类通常在水中产卵、孵化，受精卵只能在水中生长。**图❶** 而可以在陆地上产卵的爬行类，卵内的胚胎可以在充满羊水的羊膜

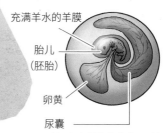

最古老的爬行类　林蜥

凭借羊膜实现陆地产卵，于是便可以更安全地繁衍下一代

图❷　爬行类的受精卵

充满羊水的羊膜

胎儿
（胚胎）

卵黄

尿囊
（存贮代谢物的囊状器官）

中生长发育，就如同生活在水胶囊中一般。**图❷** 有了这种身体构造，即便在干燥的陆地，胎儿也可以在受精卵内生长，等到发育到一定程度后再孵化。林蜥就是以这种方式在陆地上繁衍后代的。

当时，尽管大型两栖类是强大的猎食者，但它们只能在水中产卵，无法离开水生环境。对体形较小的林蜥而言，大型两栖类的存在无疑是一种威胁，于是远离两栖类所在的水生环境，去陆地安全产卵就成了它们的生存之道。爬行类也因此迎来了它们的鼎盛时代。

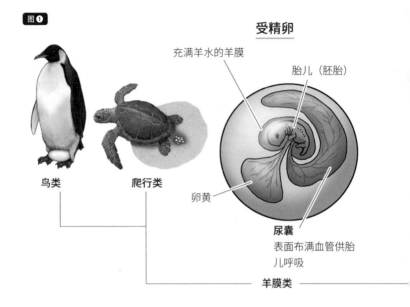

图❶

受精卵

充满羊水的羊膜

胎儿（胚胎）

鸟类

爬行类

卵黄

尿囊
表面布满血管供胎
儿呼吸

羊膜类

▪ 演 化

卵生与胎生

　　羊膜卵的繁殖方式除了爬行类具有之外，从爬行类演化来
的鸟类，以及包括人类在内的哺乳类也具有。因此，爬行类、
鸟类和哺乳类都属于羊膜类。羊膜类将生存舞台转向陆地后，
甚至把栖息地进一步扩大到内陆地区，它们摆脱了对水生环境
的依赖，逐步走向繁盛。

　　言归正传，受精卵中有卵黄，是来自母体的营养物质，也
是胎儿生长发育所需要的"粮食"。而生长过程中的代谢废物
则会储存在尿囊里，不然会污染羊水。可是，长此以往，受精

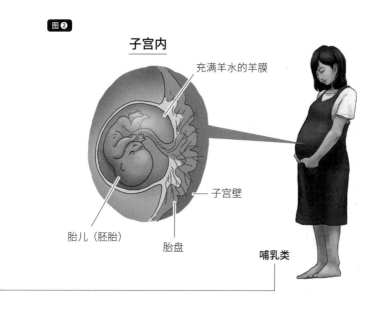

图❷

子宫内

充满羊水的羊膜

子宫壁

胎儿（胚胎）

胎盘

哺乳类

卵中的尿囊会不断膨胀变大，让胎儿受到挤压，甚至使胎儿窒息。为此，尿囊的表面布满了供胎儿呼吸的血管，而这些血管就来自胎儿体内。图❶

　　哺乳类与卵生爬行类或鸟类不同，除去个别原始物种以外，哺乳类几乎都是胎生，即受精卵在母体子宫内发育到一定阶段后脱离母体。其中包括我们人类在内的有胎盘类哺乳动物，会借由布满用来呼吸的血管的尿囊与母体子宫壁接触，形成与母体相连的胎盘。如此一来，母体不仅可以为胎儿提供营养物质和氧气，还能帮助胎儿处理代谢废物。图❷

两栖类与爬行类

蛇

Snake

蛇的上颌和下颌之间有两对关节，嘴巴可以大幅度张开。它们的下颌骨甚至还能左右分开，让嘴巴朝两侧张开也不会受到限制。因此，吞下比自己头还大的猎物对蛇来说就不在话下了，而吞下的猎物会在蛇的肚子里慢慢消化。

> 如果人类有这样的身体结构……

蛇人

蛇人变身法

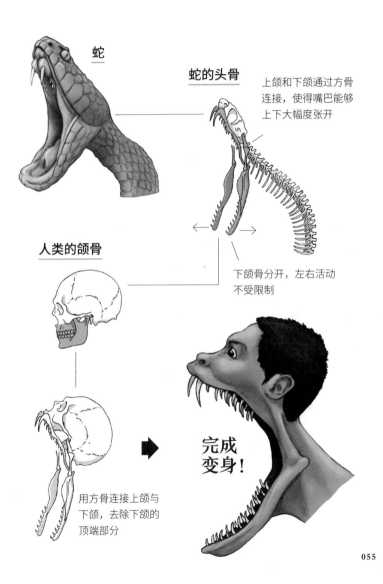

蛇

蛇的头骨

上颌和下颌通过方骨连接，使得嘴巴能够上下大幅度张开

人类的颌骨

下颌骨分开，左右活动不受限制

用方骨连接上颌与下颌，去除下颌的顶端部分

完成变身！

可以整个吞下巨型猎物的颌部

蛇类是 1 亿年前从蜥蜴家族演化而来的，目前已知的种类多达 3000 种以上。一提到蛇，我们立刻能想到它们细长的身体在地上蜿蜒而行的样子。对它们来说，游水、攀枝爬树、在岩石缝中游走、在狭窄地洞中穿行都不在话下。

蛇类不会眨眼，因为它们的眼睛上覆盖着一层透明的角质层。蛇类也没有耳朵，依靠颌骨与身体感受震动来识别声音。虽然这些特点在其他动物身上不常见，但要说蛇类最大的特点，还是它们的摄食方式——张开大嘴，一口吞下比自己脑袋还大的食物。蛇类的头骨结构复杂而精细，两块方骨连接上颌与下颌，形成两对关节，以此来增加嘴巴的开合度。蛇类左右分开的下颌骨，使它们的颌部也十分灵活。图❶

当蛇类吞下猎物之后，还需要让猎物通过自己的身体内部。蛇类体内与肋骨连接的胸骨已经退化，所以肋骨不再是封闭状态。因此，它们可以不受限制地将大型猎物吞进体内。图❷这样的身体结构甚至可以让蛇类整个吞下比自己大上数倍的猎物。

图❶

颌部有两对关节，让嘴巴
可以大幅度张开

下颌骨左右分开，之间
靠韧带相连

图❷

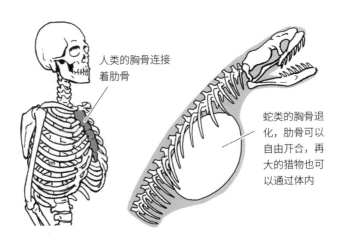

人类的胸骨连接
着肋骨

蛇类的胸骨退
化，肋骨可以
自由开合，再
大的猎物也可
以通过体内

变色龙

Chameleon

如果人类有这样的身体结构……

变色龙是一种适应了树上生活的蜥蜴。它们的指（趾）并非朝同一方向生长，而是"2＋3"的分配模式，类似于我们人类的手指是"1＋4"的分配模式。通过这样的分配模式，变色龙的四肢可以稳稳地抓住树枝。

变色龙人

变色龙人变身法

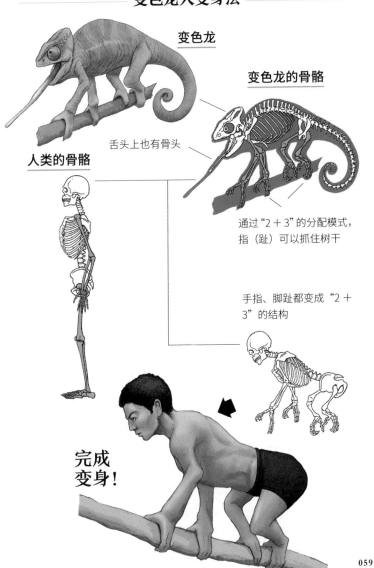

变色龙

变色龙的骨骼

舌头上也有骨头

人类的骨骼

通过"2＋3"的分配模式，指（趾）可以抓住树干

手指、脚趾都变成"2＋3"的结构

完成变身！

树栖专属身体

变色龙是蜥蜴家族的一员，但为了适应树上生活，它们身体的各个部分都变得十分特殊，因此在外观上与其他蜥蜴差异颇大。

变色龙擅长爬树，它们的指（趾）属于"2＋3"的分配模式，这样可以牢牢抓住树枝。另外，变色龙的尾巴可以缠卷树枝，以此来支撑身体，起到平衡作用。**图❶** 变色龙在树上移动时，会先用尾巴卷住原先的树枝，让身体处于平衡状态，待稳定后再把四肢伸向其他树枝。因此，对变色龙来说，尾巴的作用不容小觑。

众所周知，变色龙会伸出比自己身体还长的舌头，用舌尖分泌的黏液捕捉昆虫等猎物。变色龙的舌根肌肉平时是紧缩的，一旦放松，就会像离弦之箭一般射出去。**图❷** 此外，变色龙用它们转动自如的眼睛甚至可以看到自己的背后，更神奇的是，它们左右两只眼睛可以各自转动，同时看向不同方向。变色龙家族就是依靠这身绝技，可以360度无死角地环视周围。**图❸**

尽管变色龙的体色会随着周围环境（颜色及明暗）的改变而变化，但它们并非能自由驾驭所有颜色。它们的体色在不同的身体状况下也会有所不同，兴奋时颜色更深。

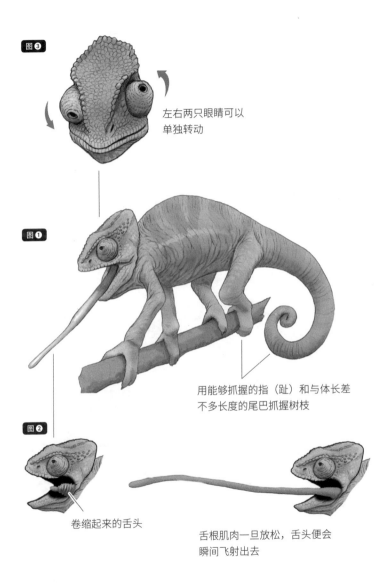

图❸

左右两只眼睛可以
单独转动

图❶

图❷

卷缩起来的舌头

用能够抓握的指（趾）和与体长差
不多长度的尾巴抓握树枝

舌根肌肉一旦放松，舌头便会
瞬间飞射出去

乌龟

Turtle

我们在《跟动物交换身体》中已经说明过，乌龟的龟壳相当于人类的肋骨，它们肩胛骨藏在肋骨内侧的这种结构，大大限制了它们前足的活动范围，让它们只有肘部能朝前弯曲。因此，乌龟与普通的四足动物不同，爬行时前足的指呈内翻状态。

如果人类有这样的身体结构……

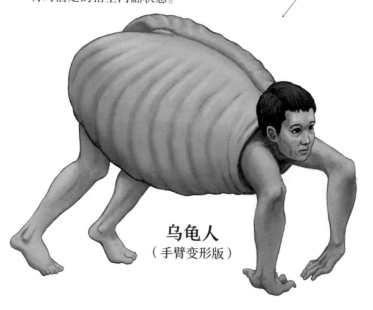

乌龟人
（手臂变形版）

乌龟人变身法

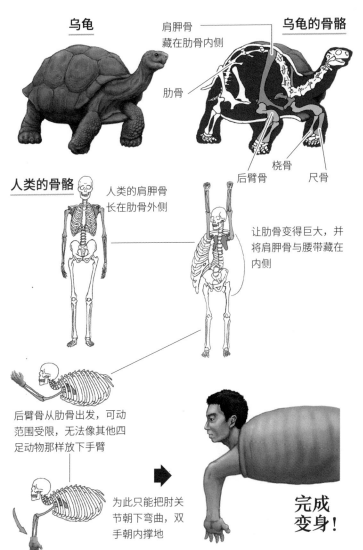

乌龟

乌龟的骨骼

肩胛骨
藏在肋骨内侧

肋骨

后臂骨

桡骨

尺骨

人类的骨骼

人类的肩胛骨
长在肋骨外侧

让肋骨变得巨大，并
将肩胛骨与腰带藏在
内侧

后臂骨从肋骨出发，可动
范围受限，无法像其他四
足动物那样放下手臂

为此只能把肘关
节朝下弯曲，双
手朝内撑地

**完成
变身！**

受到大龟壳限制的前足

为了避免自己的身体遭遇外敌侵袭，乌龟的肋骨变成了龟壳。它们可以把头和四肢都缩进龟壳，让天敌望而却步。虽然练就了这身铜墙铁壁般的绝技，但是它们也付出了行动受限的代价，而受限的部位就是两只前足。

除乌龟外，所有脊椎动物的肩胛骨都长在肋骨外侧。包括肩胛骨在内，乌龟的全身几乎都被肋骨包覆。因此，从肩胛骨延伸出来的前足活动范围就变得很有限。于是，乌龟相当于人类手肘的部分只能朝前弯曲，前足呈内翻状。比起其他四足动物，乌龟的这种身体形态让它们实在是很难快速爬行。**图❶** 话虽如此，可 2 亿多年来乌龟一直保持着这样的身体构造从未改变，这是不是说明它们用内翻的前足缓慢步行其实并没有那么困难呢？

我们还是可以用人类的身体来演示乌龟的走路方式。准备一个适合自己身体大小的大圆筒，将圆筒套在身体上并卡在肩膀部位。这种姿势让我们很难用四肢来爬行。为了让双手勉强撑到地，手肘部分只能朝前弯曲，两只手的手指也只能朝内。**图❷** 乌龟一直就是用这种姿势爬行的。

用人类的手臂重现乌龟的前足

—— 看起来是逆向关节，其实只是前足的指朝内

手肘朝前弯曲

手肘

手肘

肩胛骨藏在龟壳内侧，使得从龟壳内伸出的前足活动范围受到限制

图❷ **用人体重现乌龟的走路方式**

用适合人体大小的圆筒替代龟壳，套住肩膀和身体，被卡住的手臂受到限制

要想以这样的姿态勉强撑地，手只能朝内

双冠蜥

Basilisk

双冠蜥是一种可以在水面行走的蜥蜴。它们能以极快的速度摆动两条长长的后腿，踏水而行。在一条腿快要沉入水中时快速迈出另一条腿，双冠蜥可以如此交替迈出双腿高速奔跑一段距离。即便身体因重力下沉也没有问题，因为它们还是游泳高手。

如果人类有这样的身体结构……

双冠蜥人

双冠蜥人变身法

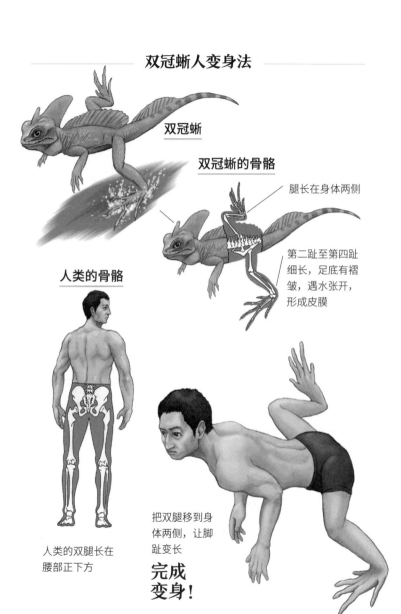

双冠蜥

双冠蜥的骨骼

腿长在身体两侧

第二趾至第四趾细长，足底有褶皱，遇水张开，形成皮膜

人类的骨骼

人类的双腿长在腰部正下方

把双腿移到身体两侧，让脚趾变长

**完成
变身！**

067

"水上漂"的秘密

　　双冠蜥也被称为双嵴冠蜥，包括发育成熟后身体呈鲜绿色的绿双冠蜥和家族中体形最大的棕双冠蜥等成员。

　　双冠蜥主要栖息在中美洲的热带雨林，它们喜欢森林中的水域环境，大部分时间都在靠近水边的树上度过。一旦感到危险，它们便会从树上跳到水边，使出自己的独门绝技在水上穿行。它们抬起上半身，用细长的尾巴保持平衡，同时极快地迈出后腿。双冠蜥运用这种移动方式，能以约 1 米每秒的速度在水面上奔跑。

　　照理说，这样奔跑身体应该会下沉，但双冠蜥却能交替迈开双腿，在一条腿下沉之前快速迈出下一条腿，以免身体沉入水中。 **图❶** 此外，以树栖蜥蜴来说，双冠蜥的后足趾又细又长，趾间有褶皱，一旦接触水面就会打开。 **图❷** 这样就增加了足底与水面的接触面积，让身体不会立即沉入水中。不过，双冠蜥在水面奔跑的距离最多不超过 4 米，可是因为擅长游泳，就算落入水中，它们还能游上 30 分钟。《圣经》中记录了耶稣行在水面的故事，于是在中南美洲也有人称双冠蜥为"耶稣蜥蜴"。

图❶

双腿交替迈出，
在下沉前迈出
下一步

图❷

褶皱
趾间有褶皱，一落
水便会打开

069

从爬行类到恐龙

翼龙的祖先（推测）

图❶

图❷

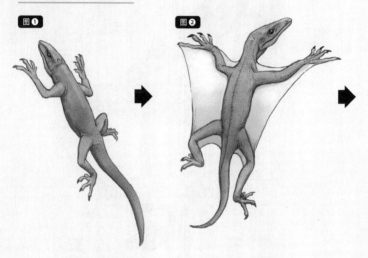

翼龙的祖先

在爬行类中，最早能像鸟类那样在空中自由飞翔的脊椎动物就是翼龙，其中最为人们所熟知的就是无齿翼龙。

翼龙是会飞的爬行类，在距今约 2.2 亿年前从与恐龙共同的祖先演化而来。翼龙相当于人类无名指的第四翼指特别长，从前肢至后肢的体侧有皮膜，张开后形成巨型翅膀。

翼龙的祖先是没有翅膀的爬行类，那它们是如何演化出华丽的翅膀，变得可以在空中飞翔的呢？答案仍不确定。因为迄今为止我们都没有发现翼龙祖先的爬行动物化石，也没有发现

早期翼龙

沛温翼龙

用很长的第四翼
指来支撑翅膀

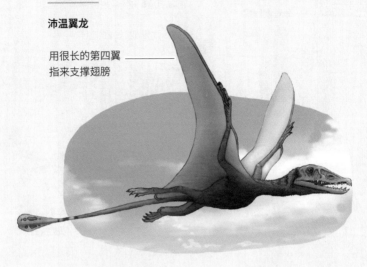

"前翼龙"形态的爬行动物化石。因此，我们只能通过原始翼龙，大致推测它们祖先的样子。

　　翼龙的祖先很可能是生活在树上或悬崖等高处的小型爬行类四足动物。**图❶** 它们在演化的过程中，前肢的第四指越变越长，前肢至后肢的体侧还长出了皮膜。**图❷** 翼龙的第一翼指至第三翼指都带有利爪，但不必用来支撑翅膀，因而这3根翼指可以自由活动，在爬树或攀登山崖时发挥作用。据推测，翼龙祖先可能会像鼯鼠那样在树丛中滑行移动，或是从悬崖等高处向下滑翔。

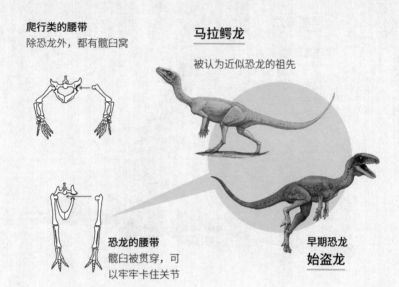

爬行类的腰带
除恐龙外，都有髋臼窝

马拉鳄龙

被认为近似恐龙的祖先

恐龙的腰带
髋臼被贯穿，可以牢牢卡住关节

早期恐龙
始盗龙

马拉鳄龙

　　早期恐龙是用长在身体下方的两条后腿行走的爬行类。我们至今尚不能确认恐龙的祖先到底是什么，但有一种名为马拉鳄龙的爬行类比较接近恐龙的祖先。它们看起来和早期恐龙几乎没有差别，也用两条后腿走路。此外，爬行类的腰带中有一个叫作髋臼的地方，髋臼内有髋臼窝，可以让大腿骨与关节相互卡住。但恐龙和马拉鳄龙的髋臼没有窝，而是一个被贯穿的孔，大腿骨的关节头可以完全卡入孔内，这样的身体构造是恐龙以及后来幸存下来的鸟类所特有的。和恐龙比较接近的鳄鱼、翼龙以及我们人类，腰带中的髋臼都是窝状结构。

第 4 部分

恐龙与翼龙

Dinosaur
Pterosaurs

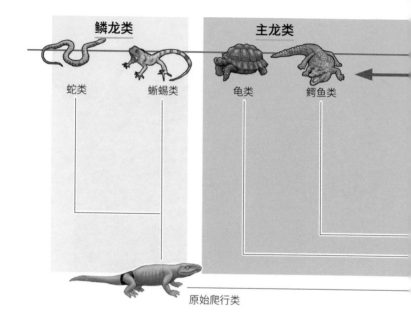

鳞龙类

主龙类

蛇类

蜥蜴类

龟类

鳄鱼类

原始爬行类

■ 演 化

鳄鱼类与鸟类之间的大片空白

现代爬行类主要分为蛇类、蜥蜴类、龟类和鳄鱼类。除了这些以外，还有很多已经灭绝了的古代爬行类，如鱼龙、蛇颈龙等。包括这些已经灭绝的种类在内，爬行类可以分为鳞龙类和主龙类两个大类。现代爬行类中的蜥蜴类、蛇类属于鳞龙类，而龟类、鳄鱼类则属于主龙类。事实上，主龙类还包括从爬行类当中分化出来的鸟类。换言之，鳄鱼类和鸟类同属于主龙类，而相对于鳞龙类中的蜥蜴类与蛇类，鳄鱼类与鸟类的关系更为

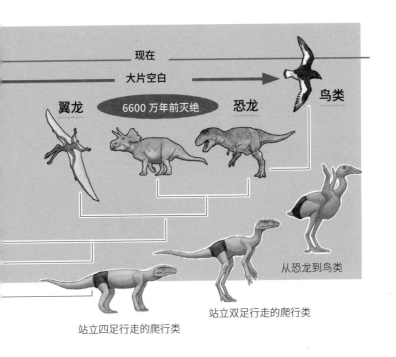

现在

大片空白

6600 万年前灭绝

翼龙

恐龙

鸟类

从恐龙到鸟类

站立双足行走的爬行类

站立四足行走的爬行类

接近。

　　话虽如此，但鳄鱼类和鸟类无论在长相还是形态上都相差甚远。为什么明明是"亲戚"，模样却天差地别呢？事实上，鳄鱼类与鸟类曾经也演化出过各种各样的动物种群，但都灭绝了，因而它们之间才会出现这么大一片空白。在这片空白中，恐龙和翼龙是由接近鳄鱼类的爬行类演化而来的，之后鸟类才从恐龙家族中分化出来。尽管恐龙和翼龙消失在 6600 万年前的生物大灭绝时期，但鳄鱼一族与曾经是恐龙家族一员的鸟类从灭绝中幸存，一直存活至今。

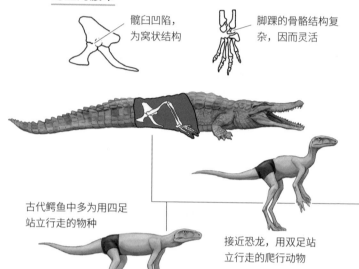

鳄鱼的腰带

髋臼凹陷，为窝状结构

脚踝的骨骼结构复杂，因而灵活

古代鳄鱼中多为用四足站立行走的物种

接近恐龙，用双足站立行走的爬行动物

■ 演化

用双足支撑身体的足部结构

据说，恐龙可能是从接近鳄鱼类的爬行类中演化而来的，如果要用一句话概括它们最大的特点，那就是"用两条后腿站立行走"。除了人类和鸟类，几乎所有的四足动物都用四条腿行走，因此光凭用两条腿行走这一点，恐龙就能算得上与众不同了。不过恐龙也分很多种类，其中也有很多物种在演化的过程中从双足行走变成了四足行走。绝大部分四足动物都是靠两条前腿和两条后腿共同支撑身体，而恐龙只靠两条后腿，因此它们必须具备十分强壮的腰和腿。

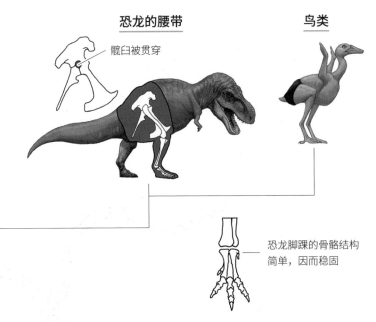

恐龙的腰带

髋臼被贯穿

鸟类

恐龙脚踝的骨骼结构简单，因而稳固

　　此外，恐龙的髋关节也十分独特。通常爬行类的腰带内都会有窝状结构，供突出的大腿骨关节头卡入。但恐龙的腰带不具备这样的窝状结构，而是被贯穿的孔状结构（参见 P72），这使得突出的大腿骨关节头可以牢牢嵌入孔内。这样的骨骼结构让恐龙无法完成大幅迈开双腿等灵活的动作，限制了腿的前后运动，但也让下盘因此变得十分稳固。

　　并且，恐龙脚踝周围的细小骨骼都统合在了一起，骨骼结构简单。尽管无法做出扭动脚踝等复杂动作，但是稳固而结实。像这样只强化腰和腿作用的骨骼结构，是恐龙成为巨无霸的关键要素。

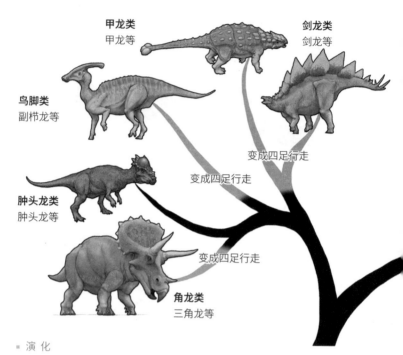

甲龙类
甲龙等

剑龙类
剑龙等

鸟脚类
副栉龙等

变成四足行走

变成四足行走

肿头龙类
肿头龙等

变成四足行走

角龙类
三角龙等

■ 演 化

站立行走促进物种繁盛

　　强壮的腰和腿让恐龙能够站立行走，同时腿部长在躯干下方的身体形态也让它们能够在陆地上十分有效地支撑起身体。因此，恐龙除了行动能力超强以外，体形也十分庞大，它们的身体甚至能承受住大型重甲和夸张装饰的重量。于是，恐龙中既有体形庞大的家伙，又有拥有华丽装饰以及重甲护身的成员，这让恐龙家族显得形态多样又极其亮眼。

　　恐龙家族大致可以分为七个大类。蜥脚类是其中的巨无霸，它们中的很多成员都是身长超过 30 米的大家伙。此外还有背上

蜥脚类
腕龙等

兽脚类（包括鸟类在内）
霸王龙等

变成四足行走

恐龙家族分为七个大类

长有骨质板并以此作为装饰的剑龙类，大脑袋上长出华丽冠饰或角的角龙类，被骨质鳞覆盖身体的甲龙类，等等。庞大的身体以及华丽的冠饰使得很多恐龙的体重剧增，因而其中有很多又从双足行走恢复到了四足行走。

兽脚类的所有成员均为双足行走，其中较为出名的有霸王龙。大约1.5亿年前，鸟类从兽脚类中脱颖而出，因此鸟类也是其中一员。由于所有鸟类都是双足行走，因此可以说兽脚类从2.3亿年前恐龙出现开始，一直到今天，始终保持着双足行走的基本姿态。另外，包括鸟类在内，许多兽脚类的身上曾经长有羽毛。

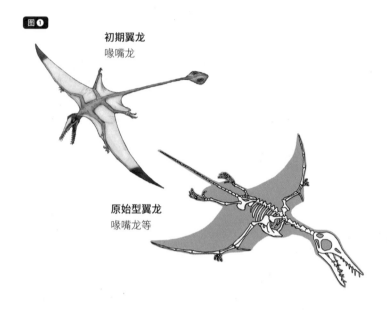

图❶

初期翼龙
喙嘴龙

原始型翼龙
喙嘴龙等

■ 演 化

翼龙的演化

　　翼龙和恐龙都是由接近鳄鱼类的爬行类演化而来的。翼龙
与恐龙几乎同时出现在地球上，又在差不多 6600 万年前一同灭
绝。虽然翼龙与恐龙共同经历了漫长的岁月，但由于翼龙始终
将演化锁定在飞行生物的路线上，因而它们的形态不像恐龙那
样多样。

　　翼龙大致可以分为原始型和进步型两大类别。喙嘴龙作为
原始型的代表，出现在 2.2 亿年前。**图❶** 拥有长尾是翼龙的独
特之处，但仅限于中小型体格的翼龙，即使是它们中的最大物种，

史上最大的飞行动物
风神翼龙

图❷

演化后的翼龙
翼手龙

翼展也不会超过 2.5 米。

　　之后，在 1.5 亿年前出现了进步型翼手龙。 图❷ 与原始喙嘴龙不同的是，短尾才是它们的独特之处。另外，在这一时期，像众所周知的翼手龙代表——无齿翼龙那般头部巨大、头顶华丽冠饰的物种也越来越多。无齿翼龙的翼展可达 7 米，而风神翼龙的翼展甚至会超过 10 米。虽然体格如此庞大，但它们的骨头却是中空的，这样才能让身体轻量化。据推测，它们的体重和成年男子差不多，在 70 千克左右。

霸王龙

Tyrannosaurus

霸王龙是生活在 6600 万年前的大型肉食性恐龙。它们排列在颌骨上的大牙长达 25 厘米，形状与大小和香蕉差不多。霸王龙与其他肉食性恐龙相比，虽然牙齿缺乏锋利度，但拥有强韧有力的下颌以及钝器一般的大牙，可以将猎物连肉带骨头一同碾碎。

如果人类有这样的身体结构……

霸王龙人

霸王龙人变身法

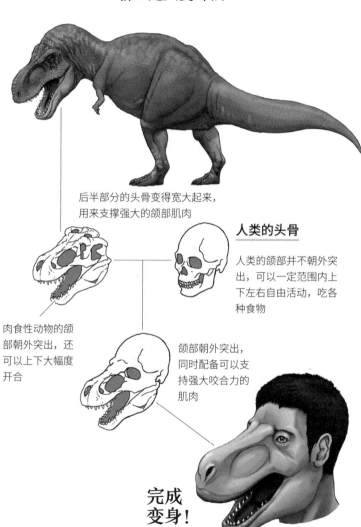

后半部分的头骨变得宽大起来，用来支撑强大的颌部肌肉

人类的头骨

人类的颌部并不朝外突出，可以一定范围内上下左右自由活动，吃各种食物

肉食性动物的颌部朝外突出，还可以上下大幅度开合

颌部朝外突出，同时配备可以支持强大咬合力的肌肉

完成变身！

史上最强咬合力

　　霸王龙是 6600 万年前生活在北美洲东部的一种肉食性恐龙，身长可达 12 米，重达 6 吨。霸王龙的超强体格在众多肉食性恐龙中首屈一指。与标准肉食性恐龙——异特龙 1.7 吨的体重相比，是其 3 倍之多，可见霸王龙体形确实非同一般。

　　然而，霸王龙的强悍并不是由于它们的庞大体格，而是由于它们的咬合力。霸王龙的超强咬合力，远远超过其他所有肉食性恐龙。从霸王龙与异特龙的头骨便能看出它们的不同，霸王龙后半部分的头骨异常宽大，长有超级大块的颌部肌肉，为实现超强咬合力提供了条件。图❶

　　尽管大家对霸王龙咬合力的估算有所不同，但根据最近的研究推算，这一力量的最大值应该可以达到 57 000 牛顿。异特龙 8000 牛顿的咬合力与之相比，实在微不足道。据说，现存动物中咬合力极强的湾鳄也不过 16 000 牛顿。图❷ 毫无疑问，霸王龙拥有迄今为止在陆地上生存过的肉食性动物中最强悍的颌部。

图❶

霸王龙

异特龙

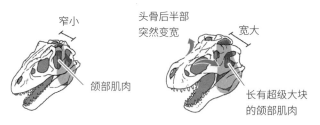

窄小

头骨后半部
突然变宽

宽大

颌部肌肉

长有超级大块
的颌部肌肉

图❷

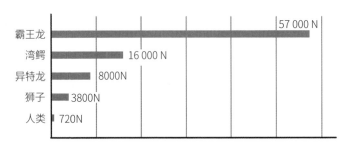

霸王龙	57 000 N
湾鳄	16 000 N
异特龙	8000N
狮子	3800N
人类	720N

恐爪龙

Dinonics

恐爪龙是一种生活在距今约 1.1 亿年前的恐龙。它们是比较接近现代鸟类的恐龙之一。恐爪龙的前肢被认为像鸟类的翅膀一样长有羽毛，翅膀上有 3 根带有利爪的长指。

如果人类有这样的身体结构……

恐爪龙人

恐爪龙人变身法

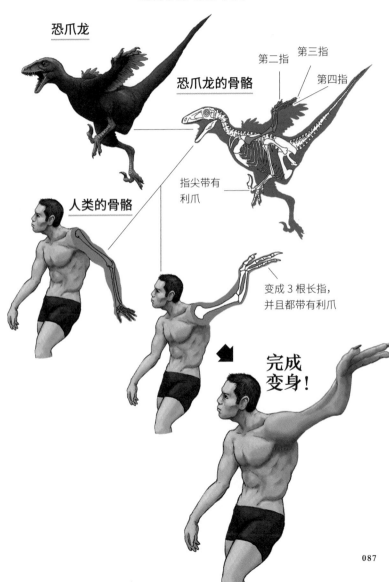

恐爪龙

恐爪龙的骨骼

第二指　第三指　第四指

人类的骨骼

指尖带有利爪

变成 3 根长指，并且都带有利爪

完成变身！

拥有鸟类特有骨骼的兽脚类

鸟类将它们相当于人类身上锁骨的部分融合成了 V 字形的叉骨，这是它们最大的身体结构特征。为了实现在空中飞翔，鸟类整个身体都变轻了。它们或者让各个地方的骨头变成中空来实现轻量化，或者让骨头与骨头相互融合，而叉骨就是它们将骨骼轻量化、骨骼相互融合的一个例子。**图❶**

叉骨对鸟类展翅飞翔会起到什么作用呢？鸟类挥动翅膀要依靠长在龙骨突上的肌肉，而叉骨就是让肌肉力量最大化发挥的一块骨头。叉骨具有弹性，能像弹簧那样运动。当鸟类放下翅膀时，叉骨被拉伸；张开翅膀时，叉骨又会像弹簧那样恢复原位。**图❷**

我们知道，恐爪龙、霸王龙等很多兽脚类恐龙都有叉骨，却无法在空中飞翔。为什么明明拥有翅膀却无法在空中飞翔的恐爪龙会有这块骨头呢？原因尚不为人知。然而，正是这块骨头的存在，成了证明兽脚类恐龙是鸟类祖先的决定性依据。

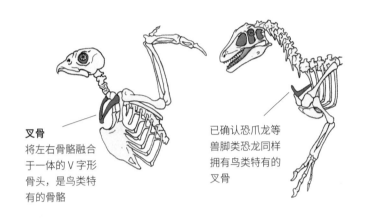

图❶

鸟类

叉骨

将左右骨骼融合于一体的 V 字形骨头，是鸟类特有的骨骼

恐爪龙

已确认恐爪龙等兽脚类恐龙同样拥有鸟类特有的叉骨

图❷

叉骨的运动原理

大胸肌发力，拉伸叉骨

大胸肌

大胸肌发力，叉骨如弹簧般复原

富有弹性的叉骨发挥弹簧般的作用，辅助鸟类振翅运动

恐龙与翼龙

无齿翼龙

Pteranodon

　　无齿翼龙是生活在距今约 8000 万年前的一种爬行动物，它们拥有巨型翅膀，能像鸟类或蝙蝠那样在空中自由翱翔。无齿翼龙是翼龙家族的成员之一，它们的翅膀由前肢演化而来，依靠前肢骨骼以及变长了的第四指——相当于人类的无名指，共同支撑翅膀。

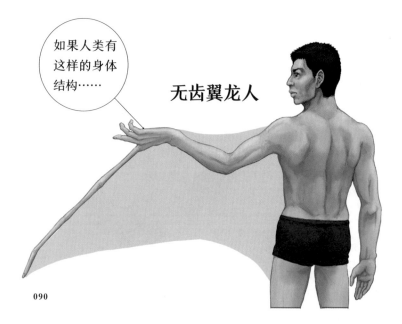

如果人类有这样的身体结构……

无齿翼龙人

无齿翼龙人变身法

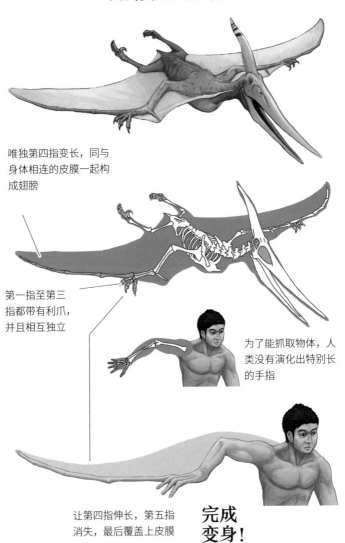

唯独第四指变长，同与身体相连的皮膜一起构成翅膀

第一指至第三指都带有利爪，并且相互独立

为了能抓取物体，人类没有演化出特别长的手指

让第四指伸长，第五指消失，最后覆盖上皮膜

完成变身！

翼龙、蝙蝠、鸟类的翅膀差异

翼龙是生物史上最早能在天空中自由飞翔的爬行类脊椎动物。在现存生物中，可以在空中飞翔的脊椎动物有鸟类以及哺乳动物蝙蝠。然而，蝙蝠的出现大约在5000万年前，鸟类的出现大约在1.5亿年前，而翼龙则在距今更久远的2.2亿年前就出现了。只不过，它们中只有翼龙是在6600万年前与恐龙一起灭绝的。

翼龙、鸟类、蝙蝠都拥有为飞翔而生的翅膀，但由于出现时期与生理系统的不同，它们将自己的前肢演化成了结构完全不同的翅膀。

鸟类的前肢长出羽毛变为翅膀。**图❶** 蝙蝠的前肢除第一指外的其他手指都变得又细又长，与覆盖在指间的皮膜一同构成翅膀。**图❷**

翼龙与蝙蝠一样，指骨很长，用以支撑翅膀。然而起到作用的，却只有相当于人类无名指的第四指，其余第一指至第三指和其他爬行动物一样带有利爪，以便攀爬悬崖及树木。**图❸**

综上所述，即便是同样长有翅膀的生物，其翅膀的结构也大相径庭。翼龙、鸟类、蝙蝠将自己的前肢演化成了完全不同的翅膀。

人类的手

第二指（食指）
第一指（拇指）
第三指（中指）
第四指（无名指）
第五指（小指）

鸟类的翅膀

图❶

第一指　第二指
第三指
羽毛

图❷

蝙蝠的翅膀

第一指　第二指
第三指
皮膜
第五指
第四指

翼龙的翅膀

第一指
第二指
第三指
第四指
皮膜

图❸

动物小知识 3　　**从恐龙到鸟类**

世界首次确认有羽毛痕迹
中华龙鸟化石

中华龙鸟

中华龙鸟与小盗龙

　　1996 年，在中国辽宁省一处距今 1.3 亿年前的地层中发现了小型恐龙中华龙鸟的全身化石，并证实其身上曾经长有羽毛。这一发现确定了除鸟类以外，恐龙也长过羽毛。从此以后，在中国等地陆续发现长有羽毛的恐龙的化石，现在"羽毛恐龙"这一说法似乎已变得不足为奇了。中华龙鸟的羽毛结构不似鸟类羽毛那样复杂，是一种长约 5 毫米的纤维状原始羽毛。中华龙鸟全身，包括长尾在内总共只有 1 米左右长，这样小的身体很容易流失体温，它们很可能就是通过羽毛来提高身体的保暖

过渡动物 ③

094

小盗龙

小盗龙是一种后肢也长
羽毛的四翼恐龙

性的。

2003 年，有报道称发现了一种长有飞羽且可以在空中飞翔
的恐龙的化石，那便是顾氏小盗龙。它们的最大特征就是前肢
和后肢都长有飞羽，也就是说，总共拥有 4 个翅膀。

然而，小盗龙飞翔所依赖的肌肉似乎并不发达，应该无法
像鸟类那般展翅飞翔。可以同时展开 4 个面积颇大的翅膀，为
小盗龙赢得了在空中滑翔的时间。后来又有几次报道称发现了
四翼恐龙的化石。对接近鸟类的恐龙而言，没准拥有 4 个翅膀
才算是标准配备。

始祖鸟化石（柏林标本）

依靠前肢、后肢、尾巴这 5 个翅膀在空中飞翔

颌部长有牙齿、保留 3 根长指以及拥有长尾等方面，都是它们与现代鸟类的不同之处

始祖鸟

　　始祖鸟被认为是最早的鸟类，其化石在 1861 年于德国一处距今 1.5 亿年前的地层中被发现。始祖鸟被证实具备飞羽且翅膀华丽，它们虽然看起来很像鸟类，但口中排列的利齿、翅膀上长有带利爪的 3 根长指以及长长的尾巴等，都是鸟类所不具备的特征。此外，它们支撑展翅肌肉的龙骨突也并不发达。因此，始祖鸟无法像现代鸟类那样展翅飞翔。不过，除了后肢，它们就连长长的尾巴上也长有羽毛，可以说共计有 5 个翅膀。据说始祖鸟一旦飞起来，可以靠这 5 个翅膀完成回旋、减速等动作，实现一定程度上的自由飞翔。

第 5 部分

鸟类

Birds

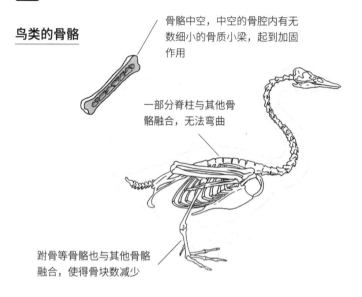

图❶

鸟类的骨骼

骨骼中空，中空的骨腔内有无数细小的骨质小梁，起到加固作用

一部分脊柱与其他骨骼融合，无法弯曲

跗骨等骨骼也与其他骨骼融合，使得骨块数减少

■ 演 化

大幅瘦身的身体

　　来自恐龙家族的鸟类出现在约 1.5 亿年前，它们全身被羽毛覆盖，前肢变成了翅膀，一直生存至今。鸟类为了适应在空中飞翔，就必须减轻体重，尽量除去所有会使身体变重的因素。身体轻量化的表现之一，就是骨骼中空。如果光是骨骼中空，骨骼强度就会下降，所以鸟类中空的骨腔内有无数细小的骨质小梁相互支撑，以保证骨骼强度。此外，它们有部分骨骼相互融合，既能保持强度，又能降低骨块数，以实现轻量化的目的。图❶

图②

鸟类的内脏

嗉囊
用来临时贮藏
食物

腺胃
分泌出消化液

肠
非常短，能将吃
下的食物立刻排
出体外

肌胃
通过发达的肌肉将
食物磨碎

　　另外，不仅是骨骼，鸟类身体的内部构造也有许多地方是为了实现轻量化。舍去较重的牙齿，取而代之以较轻的角质喙。因为没有牙齿，鸟类只能将食物整个吞下，而吞下的食物会被带到肌肉发达的肌胃（砂囊）内磨碎，可以说肌胃代替了牙齿的功能。吃贝壳或种子等坚硬食物的鸟类，会预先在肌胃内贮存一些沙子和小石头来研磨食物。为了将消化完的食物迅速排泄掉，鸟类的肠子特别短，这样它们才能让身体始终保持轻盈。就这样，鸟类为了让体态保持轻盈，不仅是骨骼，连内脏也演化出了各种功能。图②

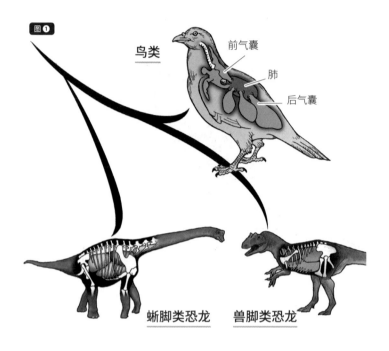

图❶

鸟类

前气囊

肺

后气囊

蜥脚类恐龙　　兽脚类恐龙

■ 演 化

飞行中功不可没的气囊

　　有些鸟类即便在氧气稀薄的环境中，也能完成展翅高飞这样剧烈的运动，甚至还能飞越珠穆朗玛峰的山顶。这与高效率的气囊呼吸不无关系。我们知道鸟类的祖先是恐龙，并且作为它们的遗族存活至今。而除鸟类以外，蜥脚类恐龙和兽脚类恐龙都有气囊。兽脚类恐龙发达的运动能力，蜥脚类恐龙的庞大身体，以及兽脚类恐龙演化成鸟类后能在空中飞翔，这些都与气囊呼吸系统密不可分。图❶

图❷

吸气

前气囊　　肺　　后气囊

新鲜空气
（氧气）

老旧空气
（二氧化碳）

呼气时新鲜空气
同样进入肺部

呼气

　　那么，气囊呼吸系统是如何运作的呢？人类在呼吸过程中，通过吸气将新鲜空气吸入肺中，再通过呼气将老旧空气吐出体外。毫无疑问，人类在呼气时新鲜空气不会进入肺部，这时无法吸收氧气。而鸟类在呼气的同时，新鲜空气也能进入肺部，从而吸收到氧气。这与哺乳类的呼吸方式截然不同。

　　鸟类的肺部前后分别连有一个气囊。鸟类吸气时，新鲜空气流入肺部以及肺部后方的气囊，与此同时，肺部内的老旧空气则流向前方气囊。呼气时，前方气囊中的老旧空气排出体外，同时，后方气囊中的新鲜空气流入肺部。因此，鸟类无论是吸气还是呼气，总有新鲜空气在肺部流动。图❷

冲绳秧鸡
1981 年发现于冲绳，数量少，濒临灭绝

关岛秧鸡
生活在关岛，被外来的褐树蛇大肆吞吃，
1987 年野生关岛秧鸡全部灭绝

■ 演化

放弃了空中飞翔的鸟类

随着种类的不断增加，鸟类开始分布于各方土地。其中有很多放弃了飞行能力，选择在地面生活。之前，鸟类为了能在空中飞翔，在演化过程中舍弃了很多东西。如果生存环境变得不再需要它们拥有飞行能力，它们自然就会放弃这种能力，重新演化以适应地面生活。

这些放弃飞行能力转而开始在地面生活的鸟类，大都会选择岛屿作为自己的栖息地。这也许是因为岛屿通常会被大海隔开，是天敌无法踏入的安全之地。其中，特别有名的就是栖息在冲绳岛的冲绳秧鸡。大部分秧鸡都无法在空中飞翔，也几乎

鸮鹦鹉
不会飞的鹦鹉

几维鸟

都生活在岛上。然而，很多秧鸡都被人类带入岛内的猫和老鼠等动物当作盘中大餐，不是被吃光，就是濒临灭绝。图❶

　　此外，在新西兰也栖息了很多不再飞翔的鸟类，例如新西兰的国鸟几维鸟和世界上唯一不会飞的鹦鹉——鸮鹦鹉。图❷新西兰自古以来便是一个漂浮在海上的岛屿，据说曾经有一个时期还彻底沉入了大海，哺乳类都没有机会踏上这片土地。在没有哺乳类的地方，鸟类放弃飞行能力开始在地面上大量繁衍，以填补哺乳类的空缺。然而，人类乘船来到这片土地后，在外来动物及其他原因的影响下，原本栖息在新西兰岛上的鸟类数量开始大幅减少。

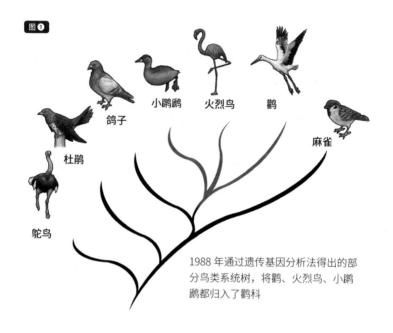

小鹛鹛 火烈鸟 鹳

鸽子

麻雀

杜鹃

鸵鸟

1988年通过遗传基因分析法得出的部分鸟类系统树，将鹳、火烈鸟、小鹛鹛都归入了鹳科

■ 演 化

不断优化中的鸟类分类

现存的鸟类大约有1万种，数量在脊椎动物中仅次于鱼类。比起5500种哺乳类，鸟类在数量上遥遥领先。要将1万多种鸟类按照家族谱系进行分类并不容易，一直以来人们都是通过颜色、体形等外观形态做出判断。然而不仅鸟类，任何一种生物都会为了适应栖息环境，逐步演化出合适的身体形态。因而，即便是完全不相干的物种，只要生活在同一环境内，它们的体貌特征就会通过演化变得相似。所以，光是靠形态相似来以貌分类并不完全靠谱。

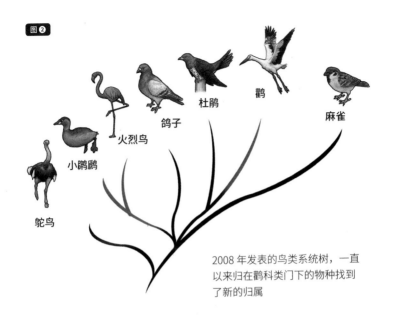

鹳

杜鹃

鸽子

麻雀

火烈鸟

小鹧鹋

鸵鸟

2008 年发表的鸟类系统树，一直
以来归在鹳科类门下的物种找到
了新的归属

近年来，科学家正在进行一项根据遗传基因对生物进行分类的研究工作。这项研究使得鸟类的系统树发生了很大的变化。

例如，由于火烈鸟与鹳体形相似，它们一直被认为是亲属关系。图❶ 可是，从 2008 年发表的基于遗传基因研究得出的鸟类系统树来看，火烈鸟与鹳虽然外形相似，但关系很远。图❷ 同时，无论体形还是生活方式都大不相同的小鹧鹋却与火烈鸟有着近缘关系。由此可见，关于鸟类的演化仍存在很多谜团，随着未来分析技术的不断发展，或许鸟类系统树还会得到进一步的优化。

鸵鸟

Ostrich

鸵鸟的体重可以达到150千克，是世界上现存最大的鸟。鸵鸟的两条后腿粗壮有力，骨骼结构简单，沉重的身体都靠两条腿撑着，还能跑出70千米每小时的速度。几乎所有鸟类的脚都有四趾，唯独鸵鸟的脚只有一大一小2根朝前生长的脚趾。

如果人类有这样的身体结构……

鸵鸟人

鸵鸟人变身法

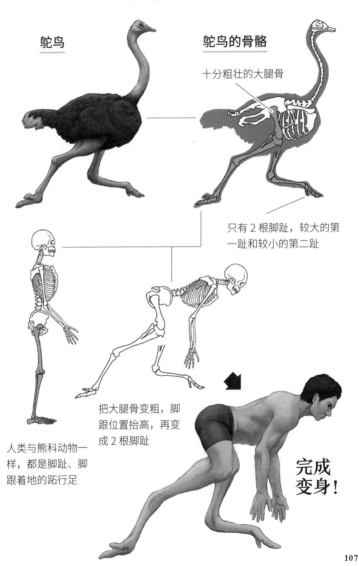

鸵鸟

鸵鸟的骨骼

十分粗壮的大腿骨

只有 2 根脚趾，较大的第一趾和较小的第二趾

把大腿骨变粗，脚跟位置抬高，再变成 2 根脚趾

人类与熊科动物一样，都是脚趾、脚跟着地的跖行足

完成变身！

无法飞翔的平胸鸟

很多鸟类丧失了飞行能力，取而代之的是拥有了奔跑或游泳的能力。每小时能跑 70 千米的鸵鸟就是它们中的代表之一。

鸵鸟的骨骼有着与其他鸟类完全不同的特征。通常鸟类的胸骨上有一块很发达的突起——龙骨突，用来支撑胸部肌肉，以完成强有力的振翅运动。而鸵鸟的身体里没有龙骨突，也就不具备飞行能力。**图❶** 有这类特征的鸟类被称为平胸鸟，除鸵鸟以外，还有鹤鸵、鸸鹋、鹨鹋等。它们都是没有飞行能力的地栖鸟类。

鸵鸟所在的非洲大陆，鹤鸵与鸸鹋所在的澳大利亚大陆，以及鹨鹋所在的南美大陆，彼此隔海相望，属于不同大陆，不过这些平胸鸟都只生活在南半球。事实上，这些南半球上的大陆在很久以前是连成一片的整块巨型大陆。科学家认为，鸵鸟和鹤鸵等鸟类的共同祖先曾经都生活在这片大陆——冈瓦纳古陆上。后来冈瓦纳古陆分裂，鸵鸟、鹤鸵等平胸鸟便在各自所处的大陆上独立完成了自己的演化过程。**图❷**

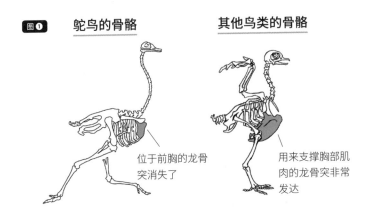

图❶

鸵鸟的骨骼　　　　　其他鸟类的骨骼

位于前胸的龙骨突消失了

用来支撑胸部肌肉的龙骨突非常发达

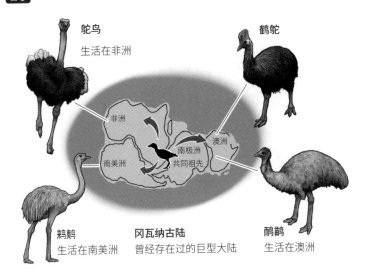

图❷

鸵鸟
生活在非洲

鹤鸵

非洲

澳洲

南美洲　南极洲　共同祖先

鹩鹋
生活在南美洲

冈瓦纳古陆
曾经存在过的巨型大陆

鸸鹋
生活在澳洲

注：图片仅供参考，不作为划界依据

蜂鸟

Hummingbird

如果人类有这样的身体结构……

蜂鸟，顾名思义就是一种像蜜蜂一样，一边嗡嗡作响，一边在空中飞行的鸟类。它们这种停在空中的飞行方法叫作悬停，需要通过高速振翅来实现，而能够这样高速扇动翅膀的秘密，就在于相对全身而言大到夸张的龙骨突。

蜂鸟人

蜂鸟人变身法

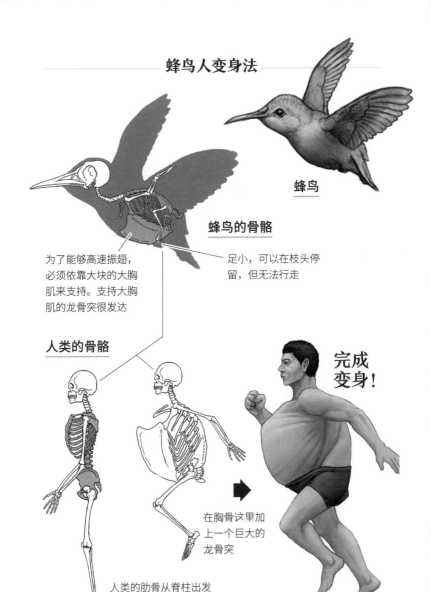

蜂鸟

蜂鸟的骨骼

为了能够高速振翅，必须依靠大块的大胸肌来支持。支持大胸肌的龙骨突很发达

足小，可以在枝头停留，但无法行走

人类的骨骼

完成变身！

在胸骨这里加上一个巨大的龙骨突

人类的肋骨从脊柱出发一直连到前面的胸骨

藏在小身体里的肌肉与骨骼

　　蜂鸟是一种小型鸟类。生活在古巴的吸蜜蜂鸟是世界上最小的蜂鸟，体长 5 至 6 厘米，体重不足 2 克。

　　这么一个小小的身体，却要通过高速振翅来完成空中悬停，靠的就是它们的大胸肌。人类的大胸肌约占身体全部肌肉的 5%，需要振翅飞翔的普通鸟类约占 25%，而蜂鸟竟然占了 40% 以上。为了支撑起这么高比例的肌肉，就需要巨大的龙骨突。**图❶**

　　蜂鸟用细长的喙伸入花中汲取花蜜，这与高速振翅需要巨大能量不无关系。**图❷** 即便蜂鸟不在空中悬停，也会消耗大量能量，对这样的身体而言，无法获取食物简直关乎生死。所以蜂鸟喜爱花蜜，因为鲜花是静止不动的，很容易汲取到花蜜。此外，花蜜与昆虫等不同，消化起来不会消耗太多能量。就算旁边没有可供停留的枝叶，蜂鸟也可以汲取到花蜜，还没有抢夺食物的竞争对手。也许，这些都是蜂鸟喜爱花蜜的原因吧。

蜂鸟的骨骼

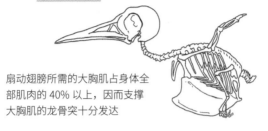

扇动翅膀所需的大胸肌占身体全部肌肉的 40% 以上，因而支撑大胸肌的龙骨突十分发达

没有枝头立脚也能悬停着汲取花蜜

吸蜜蜂鸟是世界上最小的鸟，体长 5 至 6 厘米，体重相当于两枚 1 日元硬币的重量

天鹅

Swan

天鹅的脖子又细又长，还能弯成S形。脖子可以如此灵活地弯曲，是因为天鹅的颈椎骨（脖子的骨头）与关节都比较多。在此基础上，天鹅才能像辘轳首（日本长颈妖怪的一种）那样弯曲脖子。

如果人类有这样的身体结构……

天鹅人

天鹅人变身法

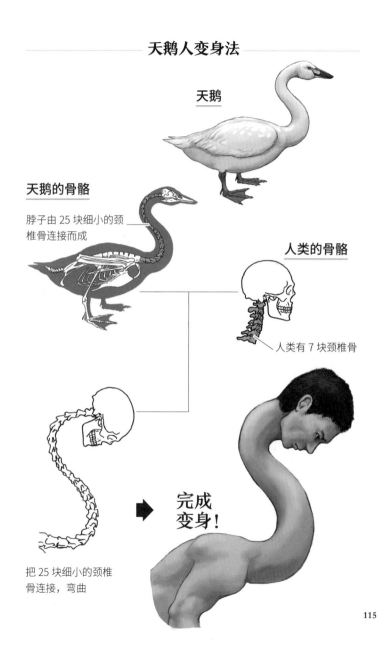

天鹅

天鹅的骨骼

脖子由 25 块细小的颈
椎骨连接而成

人类的骨骼

人类有 7 块颈椎骨

完成
变身!

把 25 块细小的颈椎
骨连接，弯曲

灵活弯曲的长脖子

　　鸟类有 11 至 25 块颈椎骨，种类不同，具体数量也不同。天鹅的颈椎骨有 25 块，可以说是颈椎骨最多的鸟。**图❶** 除去个别情况，哺乳类一般只有 7 块颈椎骨。就连我们熟悉的长颈鹿也只有 7 块颈椎骨，只不过每一块颈椎骨都很长而已。**图❷** 所以，长颈鹿没办法像天鹅那样弯曲脖子。

　　为什么鸟类有那么多块颈椎骨的脖子如此灵活呢？在空中飞翔的鸟类，它们把体重减轻到了极致，表现之一就是骨腔中空化。通过在中空的骨腔中增加骨质小梁，或者让骨块相互融合，鸟类的骨骼得以变轻且不至于弱不禁风。但这也使鸟类的骨骼缺乏灵活性，身体扭动受到限制。鸟类通过增加颈椎骨让脖子变得灵活，可能就是为了弥补身体不灵活的缺陷。

　　浮在水面上生活的天鹅，觅食时只把上半身潜入水中，用喙捕食水生昆虫或贝壳等，这时它们灵活的长脖子就发挥作用了。**图❸** 像这种人类用手来完成的事，天鹅是用脖子和喙来完成的。

图❶

鸟类的颈椎骨数量为 11 至 25 块

图❷

哺乳类的颈椎骨数量为 7 块

图❸ 用灵活的长脖子在水中觅得食物

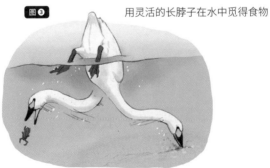

水雉

Jacana

如果人类有这样的身体结构……

在日语中，水雉写作"莲角"两字，指的是一种喜欢待在水边的鸟类。水雉的特点就是它们的脚趾长度比其他鸟类长很多。它们能够轻盈地行走于莲叶等水生叶片之上而不会沉入水中，原因就在于它们细长的脚趾。它们的脚很像在常年下雪的国家人们所穿的雪鞋，增加了接触面积，有效地将施加在叶片上的压力分散了。

水雉人

水雉人变身法

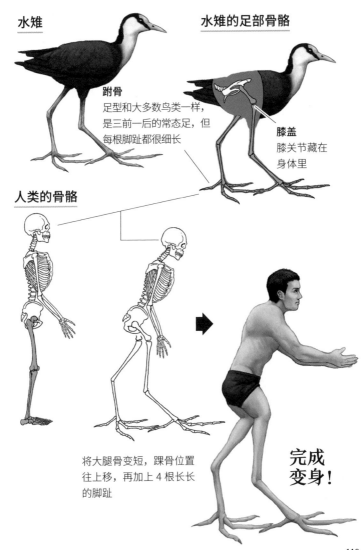

水雉

水雉的足部骨骼

跗骨
足型和大多数鸟类一样，是三前一后的常态足，但每根脚趾都很细长

膝盖
膝关节藏在身体里

人类的骨骼

将大腿骨变短，踝骨位置往上移，再加上4根长长的脚趾

完成变身！

119

雪鞋一样的脚

水雉是一种能够行走于水生植物叶片上的鸟类，原因就在于它们那细长的脚趾。假如水雉是短脚趾，全身的重量就会集中在较小的接触面上。当叶片无法承受它们的重量时，它们就会沉入水中。然而，正是这些细长的脚趾，分散了它们施加在叶片上的压力。原理就和在常年下雪的地方，人们行走在积雪很深的路面时所穿的雪鞋有效地分散了施加在雪地上的压力一样。图❶

不光是水雉，其他鸟类的脚骨结构与哺乳类相比，也显得非常简单。图❷人类的脚骨中有5块跖骨，而鸟类则融合为1块，脚趾数也是如此。骨骼数量少，结构简单，轻盈与结实成为鸟类的最优选择。

甚至不同种类的鸟，它们的足型也各有差异。有像水雉这样三趾朝前一趾朝后的不等趾型，还有适合抓握树枝的对趾型，以及弯曲的脚爪全部朝前的前趾型——这类足型有利于攀缘山岩。因为各自所处的生活环境不同，鸟类的足型变得各式各样。图❸

非洲水雉

脚趾细长，能像雪鞋一样分散自身体重施加的压力，因而可以行走于睡莲等水生植物的叶片之上

鸟类不同的脚趾排列方式

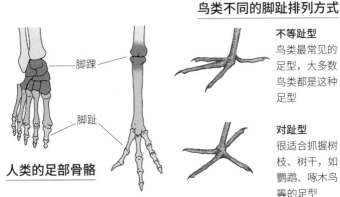

脚踝

脚趾

人类的足部骨骼

鸟类的足部骨骼

鸟类的足部骨骼相互融合，结构简单，关节少，活动范围受限，但轻盈且坚固

不等趾型
鸟类最常见的足型，大多数鸟类都是这种足型

对趾型
很适合抓握树枝、树干，如鹦鹉、啄木鸟等的足型

前趾型
所有脚趾都朝前，如白腰雨燕等的足型

121

啄木鸟

Woodpecker

如同名字一样，啄木鸟是一种能用细长的喙在树干上凿洞的鸟类。它们用脚趾紧紧抓住树干，以自己独特的姿势垂直攀缘在树干上。此外，啄木鸟尾羽的羽轴十分坚硬，可以牢牢地抵住树干支撑身体。

如果人类有这样的身体结构……

啄木鸟人

啄木鸟人变身法

啄木鸟

啄木鸟的骨骼

人类的骨骼

啄木鸟两前两后的脚趾是对趾型足型,适合垂直攀缘树干

完成变身!

变成两前两后4根脚趾

防冲击的头部保护结构

大家都知道，啄木鸟可以垂直停留在树上，并用喙戳啄树干。然而，事实上并没有任何一种鸟就叫作"啄木鸟"，它是具备啄木打洞习性的啄木鸟科的总称，包括小星头啄木鸟、灰头绿啄木鸟、大斑啄木鸟等 230 余种。

啄木鸟科的鸟类为了吃到树皮里的昆虫，会不停地戳啄树干。除了脚以外，它们还会用坚硬的尾巴牢牢地抵住树干，让身体在啄木时依然保持稳定。啄木鸟用喙以约 20 次每秒的频率撞击树干，速度最快可以达到 25 千米每小时，差不多可以撞翻一堵墙。**图❶** 以这样惊人的速度撞击树干会对大脑造成很大伤害，不过，为了保护大脑免受冲击，啄木鸟启用了很多保护机制。

首先，喙根部强健的肌肉和脑部周围的一层海绵状骨骼能够减缓大脑受到的冲击。此外，啄木鸟独特的带状舌骨缠绕着整个头盖骨，发挥了弹簧般的作用，降低了冲击给脑部带来的伤害。**图❷** 甚至，为了防止眼球因撞击而进出，啄木鸟除了常规的上下眼睑以外，还拥有用来固定眼球的第 3 层眼睑。

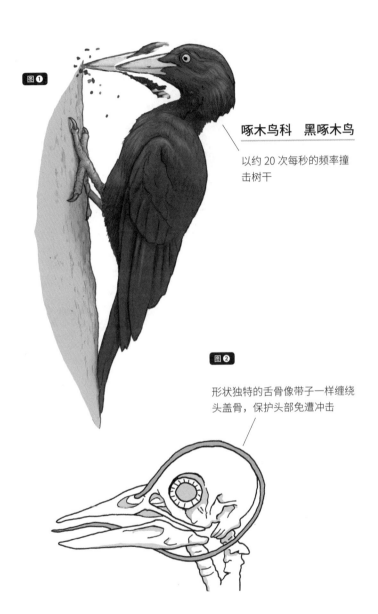

图❶

啄木鸟科　黑啄木鸟

以约 20 次每秒的频率撞击树干

图❷

形状独特的舌骨像带子一样缠绕头盖骨，保护头部免遭冲击

从两栖类到哺乳类

下孔类·盘龙类
异齿龙

异齿性
拥有两种牙齿，分别用来咬住和撕裂猎物

包括哺乳类在内的下孔类，眼窝后方都有一个颞颥孔

从盘龙类到兽孔类

接下来，我们又要把话题拉回到之前讨论的内容。从两栖类演化来的动物，为了能在陆地上繁衍后代，演化出用羊膜裹住胎儿，让胎儿在羊水中发育的一套系统。（参见 P52）这些有羊膜类中，除了爬行类之外，还包括下孔类，而哺乳类就是从下孔类演化而来。生活在距今约 3 亿年前的始祖单弓兽，是已知最古老的下孔类，它们的长相如同现代蜥蜴，被归入下孔类之下的早期盘龙类。盘龙类中最具代表性的是异齿龙。尽管异齿龙背后高大的背帆特别醒目，其名字却来自它们牙齿的特征。所谓"异齿"，指的是两种不同的牙齿。异齿龙和我

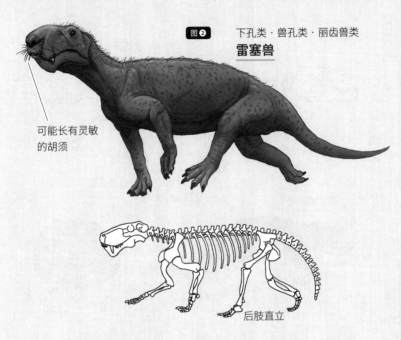

图❷　　下孔类·兽孔类·丽齿兽类

雷塞兽

可能长有灵敏
的胡须

后肢直立

们人类一样，拥有形状各异、用途不同的牙齿，比如用来咬住
食物的门齿以及磨碎食物的臼齿等。尽管这一特征微不足道，
但这种异齿性却是哺乳类的一大特征，获得这一特征是成为哺
乳类的第一步。

　　从盘龙类中分化出了一支更接近哺乳类的队伍——兽孔
类。据说，兽孔类中的丽齿兽身上长有毛发，个别物种的上颌
骨表面有小凹陷，还可能长有猫类、犬类作为感觉器官的胡须。
此外，当时丽齿兽处于生态链顶端，是强有力的肉食性动物，
长着剑齿虎那样锐利的长形犬齿。它们的两条后肢垂直于身体，
与现代哺乳类一样站立行走。如此一来，丽齿兽便给人留下了
肉食兽的印象。图❷

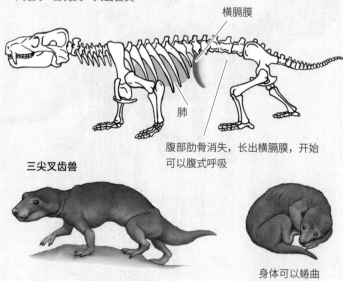

横膈膜

肺

三尖叉齿兽

腹部肋骨消失，长出横膈膜，开始
可以腹式呼吸

身体可以蜷曲

犬齿兽类

　　犬齿兽类是兽孔类中最接近哺乳类的，毫无疑问，哺乳类
就是从它们演化而来的。科学家认为，犬齿兽类中的三尖叉齿
兽腹部的肋骨已消失，在胸部与腹部间长出了与现代哺乳类同
样的横膈膜。横膈膜是将腹腔与胸腔分隔开的一层膜状肌肉，
有了这层膜状肌肉，哺乳类就可以进行腹式呼吸，帮助肺部吸
收大量氧气，以此来提高心肺功能。三尖叉齿兽生活的三叠纪
长期处于低氧状态，它们演化出横膈膜很可能就是为了适应当
时恶劣的环境。

第 6 部分

哺乳类

Mammalian

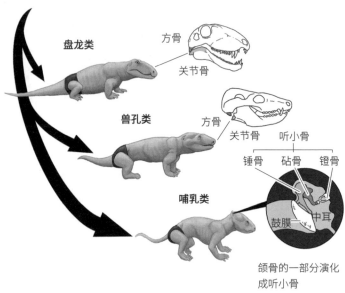

盘龙类

方骨

关节骨

兽孔类

方骨

关节骨

听小骨

锤骨　砧骨　镫骨

哺乳类

鼓膜　中耳

颌骨的一部分演化
成听小骨

▪ 演 化

哺乳类的特征

　　哺乳类到底是一种什么动物呢？字面意思就是用母乳哺育
幼儿的动物。犬齿兽中可能也有用母乳哺育后代的动物，但通
过研究目前发掘出来的化石，似乎很难判断它们是否具有哺乳
行为。

　　耳朵化石内部是否有听小骨，是可以用来证明是不是哺乳
类的特征之一。听小骨是通过鼓膜振动把声音传至头盖骨内部
的小骨头。哺乳类的听小骨由镫骨、砧骨和锤骨这3块小骨构成，
但作为哺乳类的祖先——原始下孔类，它们没有砧骨与锤骨，

图 ❷

哺乳类的各类牙齿

老鼠

河马

鹿豚
（野猪的近亲）

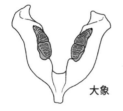

大象

狮子

有的是作为颌骨关节的方骨和关节骨。图 ❶

　　除此之外，哺乳类还有一个与其他脊椎动物明显不同的特征，那就是牙齿形状的多样性。我们人类有门齿、犬齿和臼齿，形状各异。其他哺乳类拥有与我们人类形状不同且独特的牙齿。据说光凭牙齿就能判断出动物的种类，比如是老鼠的牙齿还是大象的牙齿。哺乳类的牙齿形状要与其进食习惯相匹配，这样才能实现最具效率的咀嚼功能。图 ❷

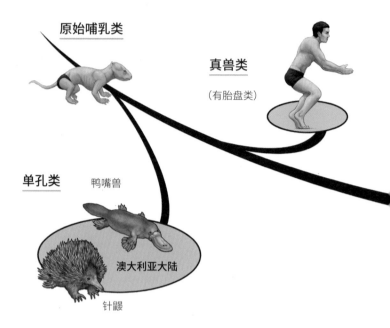

原始哺乳类

真兽类

（有胎盘类）

单孔类　　鸭嘴兽

澳大利亚大陆

针鼹

■ 演 化

单孔类与有袋类

　　单孔类从哺乳类系统树的源头派生而出，并且保持着它们原始的形态存活至今。现在，单孔类只有 5 种，包括鸭嘴兽和 4 种针鼹，生活在澳大利亚大陆和新几内亚岛。[1]哺乳类通常都是胎生，但鸭嘴兽和针鼹都是卵生，也就是说它们会产卵。此外，卵生的幼兽不像哺乳类幼兽那样从母兽的乳头上吸吮乳汁，而是舔食从母兽腹部渗出的奶水。这种特殊的授乳方式，以及发育不完全的乳腺，是鸭嘴兽不太像哺乳类的原始特征。

[1]也有资料显示现存单孔类仅 4 种。——编者注

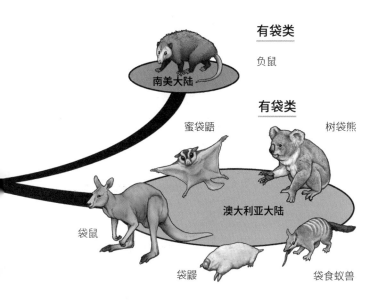

有袋类

负鼠

南美大陆

有袋类

蜜袋鼯   树袋熊

澳大利亚大陆

袋鼠

袋鼹   袋食蚁兽

　　在单孔类栖息的澳大利亚大陆上，还有一类陆地特有的哺乳类，它们就是树袋熊、袋鼠这样的有袋类。除澳大利亚大陆以外，这些动物也生活在南美大陆。有袋类产下没有发育完全的幼崽，将幼崽保护在腹部的育儿袋里，哺育抚养到一定阶段。

　　有袋类大致分为两个大类，一类是起源于南美大陆的负鼠目，另一类是起源于澳大利亚大陆的双门齿目。双门齿目是有袋类中物种最丰富的一个族群，我们熟悉的树袋熊、袋鼠、袋鼹等都属于其中的一员。

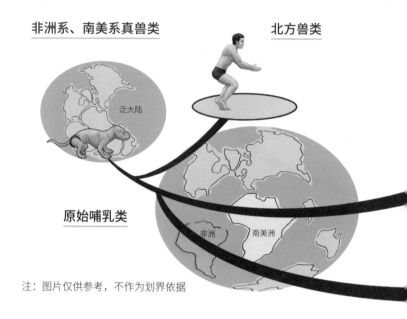

非洲系、南美系真兽类　　　　　　北方兽类

泛大陆

原始哺乳类

非洲　南美洲

注：图片仅供参考，不作为划界依据

非洲系真兽类与南美系真兽类

　　哺乳类分为三个大类：单孔类、有袋类以及包括我们人类在内的真兽类。单孔类会产卵，有袋类产下没发育完全的胎儿并放在育儿袋中抚养长大，而真兽类的胎儿则通过胎盘从母体获得营养，长到一定程度后由母体分娩而出。在真兽类中，较早分化出来的是非洲兽类与异关节类。

　　非洲兽类中，包括源于非洲大陆后来扩散至世界各地的大象家族，适应水中生活且分布在淡水流域和浅海海域的儒艮与海牛家族，以及现在依然扎根在非洲大陆上的土豚和蹄兔等。

134

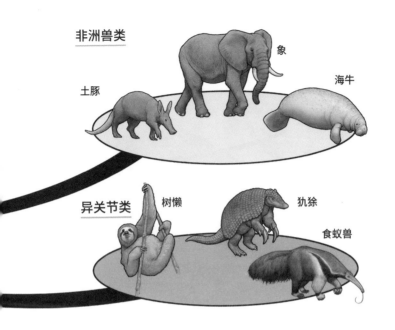

非洲兽类

象

海牛

土豚

异关节类

树懒

犰狳

食蚁兽

　　异关节类是以南美大陆作为演化舞台的真兽类，包括树懒、犰狳和食蚁兽家族。"异关节类"这个名字的由来是这些动物的腰椎（腰部脊柱）具有其他哺乳类没有的骨关节，这些额外的关节使它们的腰椎变得格外强健。

　　这些大陆特有的哺乳类之所以存在不是没有原因的。因为哺乳类刚出现的时候，所有大陆连成一片，但后来随着大陆板块移动分裂，非洲大陆与南美大陆成为隔海相望的独立板块。于是，哺乳类便走向了各自独立的演化进程。

北方真兽类

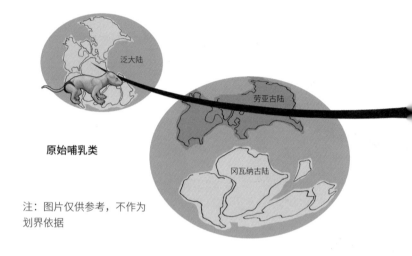

泛大陆

劳亚古陆

原始哺乳类

冈瓦纳古陆

注：图片仅供参考，不作为
划界依据

■ 演 化

北方真兽类

真兽类中除了非洲兽类和异关节类以外，还有劳亚兽类以
及灵长总类，也就是北方真兽类。

哺乳类出现时，所有大陆连成一片，后来这片巨大的陆地
开始分裂成南、北两个部分。包括亚洲、欧洲、北美洲在内的
北方大陆被称为劳亚古陆，在这片古陆上演化的真兽类被称为
劳亚兽类。劳亚兽类是所有真兽类中发展最为多样的一个群体，
有钻在地底下的鼹鼠，有飞翔在空中的蝙蝠，有猫和鬣狗等食
肉类，有马和犀牛等奇蹄类，还有像牛这样的草食性偶蹄类。

兔子

人类

老鼠

猴子

灵长总类

蝙蝠

鲸

鼹鼠

穿山甲

犀牛

熊猫

劳亚兽类

此外，根据近年来的 DNA 分析，科学家发现偶蹄类与鲸类一族关系很近，于是又划分出包括牛和鲸在内的鲸偶蹄类。

在灵长总类中，有包括我们人类及猿猴类在内的灵长类，老鼠、松鼠等啮齿类，以及兔类等。在灵长类中，有包括原始狐猴、眼镜猴等在内的原猴类，南美大陆的新世界猴类，以及分布在非洲和亚洲的旧世界猴类。在旧世界猴类中，智能最发达的种群是包括我们人类在内的人科动物，以及包括大猩猩、黑猩猩在内的类人猿。

鸭嘴兽

Platypus

如果人类有这样的身体结构……

鸭嘴兽是一种非常不可思议的动物，身为哺乳类却有喙，而且还会产卵。它们在河边掘土筑巢过生活，但游水时与挖土时前脚形状略有不同。鸭嘴兽的指（趾）尖有相连的薄膜，在水里形成脚蹼，但在挖土时则会折起，只露出尖锐的爪子。

鸭嘴兽人

鸭嘴兽人变身法

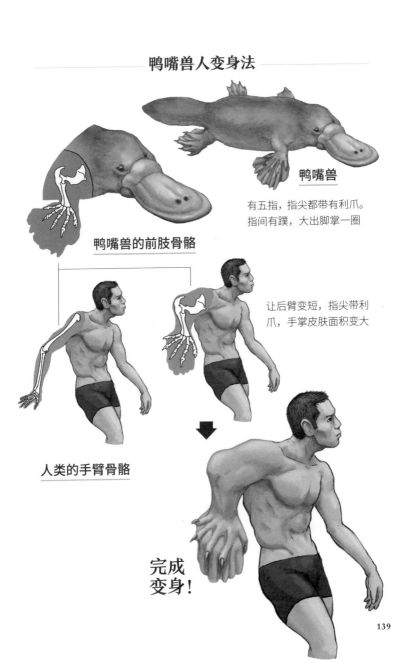

鸭嘴兽

有五指，指尖都带有利爪。
指间有蹼，大出脚掌一圈

鸭嘴兽的前肢骨骼

让后臂变短，指尖带利
爪，手掌皮肤面积变大

人类的手臂骨骼

完成
变身！

哺乳界的"奇葩"

鸭嘴兽被认为是原始的哺乳类之一，有着其他哺乳类所没有的一些特征。

鸭嘴兽与其他哺乳类最大的不同就是会产卵，母兽还会在巢穴中孵卵。鸭嘴兽的授乳方法也很不寻常，因为母兽没有乳房和乳头，幼兽只能靠舔食从母兽腹部渗出的乳汁长大。据说这种母乳的营养极高，只要100天，幼兽就能长到21厘米左右。

鸭嘴兽在河底寻找昆虫和贝壳等作为食物，这时它们前后脚上的蹼就有用武之地了。但在挖洞筑巢时，鸭嘴兽脚上的蹼就不是很方便了，好在它们可以将脚爪上的蹼部分折叠起来，避免干扰。根据游水、挖土等不同需求，鸭嘴兽的前脚会改变形状。

除了这些独特之处之外，在鸭嘴兽这样的单孔类的骨骼中，还有其他哺乳类所不具备的一块骨头——位于锁骨与胸骨之间的间锁骨。事实上，在爬行类的身上倒是有这块骨头，因此鸭嘴兽是具备爬行类骨骼特征的哺乳类。话说原本哺乳类也有间锁骨，但在一系列演化过程中，有袋类以及包括我们人类在内的真兽类身上的这块骨头消失不见了。而鸭嘴兽等单孔类却将这块骨头保留至今。

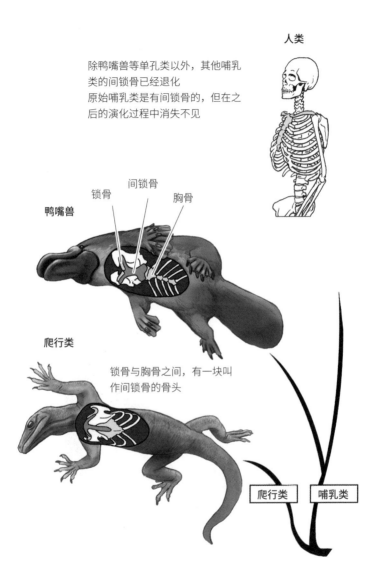

人类

除鸭嘴兽等单孔类以外,其他哺乳类的间锁骨已经退化
原始哺乳类是有间锁骨的,但在之后的演化过程中消失不见

间锁骨

锁骨

胸骨

鸭嘴兽

爬行类

锁骨与胸骨之间,有一块叫作间锁骨的骨头

爬行类　哺乳类

老鼠

Mouse

一说到老鼠，很多人立刻就会想到它们的龅牙（门牙）。因为突出的门牙长在头骨最前面，所以它们就变成了那副样子。老鼠的门牙会持续生长，所以必须通过不断啃咬东西来磨减它们。正因此，鼠类才会被划入啮齿类。

如果人类有这样的身体结构……

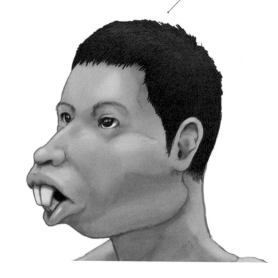

鼠人

鼠人变身法

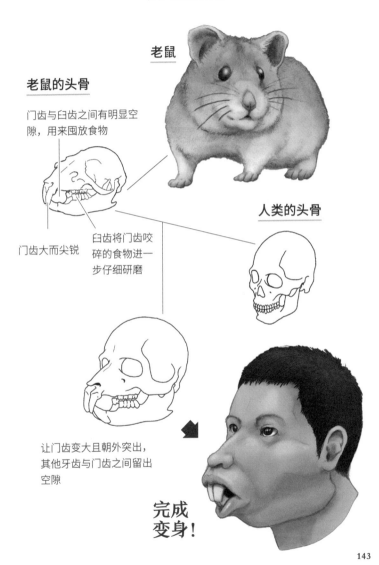

老鼠

老鼠的头骨

门齿与臼齿之间有明显空隙，用来囤放食物

门齿大而尖锐

臼齿将门齿咬碎的食物进一步仔细研磨

人类的头骨

让门齿变大且朝外突出，其他牙齿与门齿之间留出空隙

完成变身！

始终保持尖锐的牙齿

　　包括鼠类在内的啮齿类数量十分庞大，占哺乳类总数的40%左右，因而能在各种环境下看到它们的身影。啮齿类的生活形态各式各样，有的栖息在树上，有的在地底下打洞穴居，有的喜好生活在水边。它们大到如水豚那样，小至像家鼠一般，个头差别颇大。**图❶**

　　啮齿类拥有类似的牙齿和头盖骨。大而突出的门牙会不停地生长，外侧是坚硬的牙釉质层，而内侧则相对柔软，这导致它们的牙齿必须从柔软的内侧开始磨损。这也是它们的牙齿能始终保持尖锐的原因。

　　另外，啮齿类的门牙和用来研磨食物的臼齿之间有着明显的空隙。大家可能都见过嘴里塞满食物的松鼠或仓鼠，那些空隙就是用来临时存放食物的，以免吞下果壳、树皮等可能引起消化不良的东西。**图❷**

　　大多数啮齿类的头盖骨都占据了身体的很大比例，那是因为吃坚硬的果实需要非常强劲的颌部力量。为了配合强有力的颌部动作，就必须拥有发达的咬肌。

适应力较强的鼠类

会滑翔
鼯鼠

打洞穴居
土拨鼠

在树上或
地面生活
花鼠

水陆两栖
海狸

城市中随处可见
家鼠

鼠类（水豚）的头部

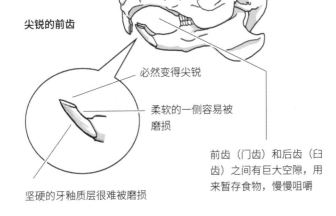

尖锐的前齿

必然变得尖锐

柔软的一侧容易被
磨损

坚硬的牙釉质层很难被磨损

前齿（门齿）和后齿（臼
齿）之间有巨大空隙，用
来暂存食物，慢慢咀嚼

袋鼠

Kangaroo

一说起袋鼠，人们的脑海中就会浮现出它们跳跃的姿态，而让它们实现跳跃的就是它们的后腿。袋鼠跳跃时，只有相当于人类脚尖的部分会着地，然后凭借发达的肌肉与收缩自如的肌腱完成跳跃动作。而袋鼠行走时会用到尾巴，靠"五条腿"来走路。

如果人类有这样的身体结构……

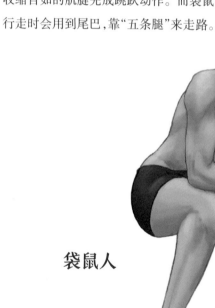

袋鼠人

146

袋鼠人变身法

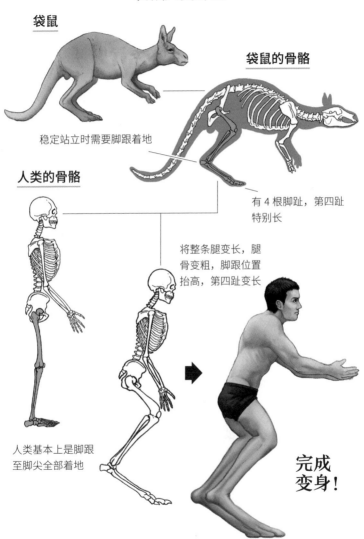

袋鼠

袋鼠的骨骼

稳定站立时需要脚跟着地

人类的骨骼

有 4 根脚趾，第四趾特别长

将整条腿变长，腿骨变粗，脚跟位置抬高，第四趾变长

人类基本上是脚跟至脚尖全部着地

完成变身！

为跳跃而生的脚

　　包括我们人类在内，所有动物在跳跃时用的都是后腿。像兔子、青蛙等擅长跳跃的动物都是后腿比前腿发达，更不用说袋鼠了。

　　袋鼠在觅食或寻找水源时，基本上都是跳跃着移动的，有时候甚至会连续跳跃好几个小时。**图❶** 能够这样持续不停地跳跃，其中的秘密就藏在它们腿部的肌腱中。

　　袋鼠腿部的肌腱与人类不同，伸缩性极强。当腿部落地时，肌腱会大幅度压缩，从而形成缓冲。不仅如此，压缩时聚集的能量，会随着肌腱的伸展，转化为下一次跳跃的动力。**图❷** 我们都知道，运动时使用肌腱比使用肌肉更不容易产生疲劳感，而袋鼠正是有了这种肌腱，才不会过多地使用肌肉，移动时才可以持续跳跃好几个小时。

　　然而，这种移动方式缺乏稳定性。袋鼠吃东西的时候，就会弓着背摇摇晃晃地前进。在这种不必着急、需要稳定移动的时候，袋鼠会让尾巴也着地，用"五条腿"来行走。**图❸** 袋鼠的整条尾巴都长有坚固的椎骨，所以这种步行方式十分稳健。

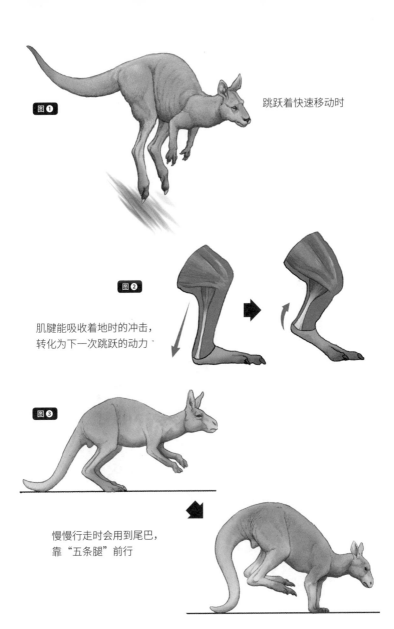

图❶

跳跃着快速移动时

图❷

肌腱能吸收着地时的冲击，
转化为下一次跳跃的动力

图❸

慢慢行走时会用到尾巴，
靠"五条腿"前行

食蚁兽

Anteater

　　为了能高效率地吃到巢穴里的小蚂蚁，食蚁兽会快速伸出自己长长的舌头。食蚁兽下颌的骨骼结构非常特殊，和蛇一样是可以分开的。当舌头伸出时下颌骨会合拢，舌头收回时下颌骨则分开。

如果人类有这样的身体结构……

食蚁兽人

食蚁兽人变身法

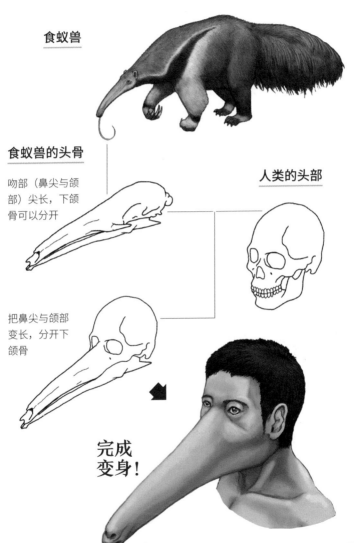

食蚁兽

食蚁兽的头骨

吻部（鼻尖与颌部）尖长，下颌骨可以分开

人类的头部

把鼻尖与颌部变长，分开下颌骨

完成变身！

配合舌头动作开合的下颌

食蚁兽是一种生活在南美大陆的贫齿类。它们没有牙齿，无法咬东西，只能将蚂蚁整个吞下。据说，食蚁兽一天吃掉的蚂蚁数量竟然多达 3.5 万只。

食蚁兽视力很差，完全依靠发达的嗅觉来找寻蚁巢。另外，尽管它们性格温顺，但长有利爪，有时候还会朝敌人张开利爪来示威。不过，这双利爪通常只用来捣毁蚁巢。**图❶** 食蚁兽会用细长的鼻尖插进巢穴，伸出舌头依次将蚂蚁吞入肚中。

食蚁兽的下颌可以分开，这有利于它们的舌头完成高频率的伸缩动作，而管状嘴巴能帮助它们更有效地锁定目标。于是，当它们的下颌紧闭时，舌头会像离弦之箭一样射出。**图❷** 相反，当它要收回舌头时，则需要尽可能制造出一个较为宽大的入口。这时，食蚁兽便会分开下颌，以便收回舌头。**图❸**

几乎所有动物做出下颌动作都是为了方便咀嚼食物，只有食蚁兽是为了方便舌头的动作而开合颌骨，这一点非常特殊。

图❶

大食蚁兽

细长的鼻尖很容
易插入蚁巢

用来捣毁蚁巢的利爪

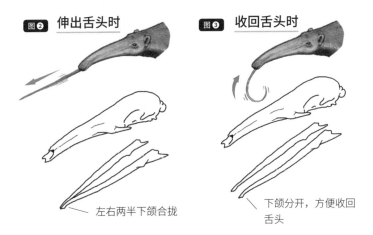

图❷ **伸出舌头时**

左右两半下颌合拢

图❸ **收回舌头时**

下颌分开，方便收回
舌头

153

犀牛

Rhino

说起犀牛的特征，就不得不提它们鼻子上华丽的犀牛角。据说，这根犀牛角不是骨头，其主要成分是角蛋白——一种和体毛相似的物质。犀牛凸起的鼻骨非常粗糙，而犀牛角就长在这鼻骨之上。

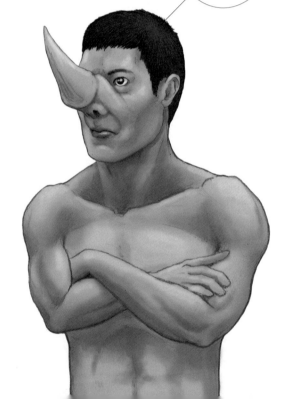

如果人类有这样的身体结构……

犀牛人

犀牛人变身法

犀牛

犀牛的骨骼

人类的骨骼

犀牛角长在表面粗糙且凸起
的鼻骨上

人类的鼻骨没有那么突出

让鼻骨变得粗糙且突出

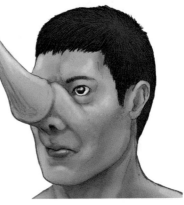

装上角蛋白
质地的角
完成
变身！

骨头显示犀牛角的着生位置

犀牛角自古以来就被当作药材原料，因而非法盗猎从未停止。犀牛角看起来十分坚硬，像一块突出的骨头，但事实上犀牛角并非骨头，而是由一种叫作角蛋白的物质所构成，成分和体毛相似。犀牛角会以每年 5 至 10 厘米的速度持续生长，但角尖会随着与地面的摩擦而磨损。此外，有些品种的犀牛会长有一大一小两个犀牛角，比如黑犀牛和白犀牛等。

犀牛角所处的鼻骨位置，表面就像花椰菜那样粗糙。**图❶** 通过观察这部分骨头，就能大致推测犀牛角的大小。

在冰河时期，犀牛家族中的有些成员比现代犀牛庞大得多。像板齿犀这样体形巨大的古代犀牛，它们的犀牛角不似现代犀牛那样长在鼻骨上，而是长在额头上。据推测，它们的犀牛角竟长达 2 米之多。

然而，由于犀牛角并非骨头，而是角蛋白，所以无法作为化石保留下来，有没有 2 米也只是推测。但板齿犀的头骨骨骼却成了这一推测的依据，在板齿犀的头部长有一个巨瘤般的凸起，表面十分粗糙，从这里长出巨角的可能性非常高。**图❷**

图 ❶

犀牛角

不是骨头，而是由与毛发相似的物质堆积构成

犀牛角所在的鼻骨，表面非常粗糙

图 ❷ **板齿犀**
生活在冰河时期的犀牛家族成员

犀牛角不似现代犀牛那般长在鼻尖，而是像戴了一顶帽子一样扣在头顶

据推测，巨型犀牛角可长达 2 米。犀牛角的构成物质如同毛发，因而很难作为化石保留下来

额头上长有巨瘤般的凸起，为板齿犀曾经长有巨型犀牛角提供了推测依据

独角鲸

Narwhal

　　独角鲸是鲸鱼家族的成员之一，它们的头部长有一根长 3 米左右的独角。但其实这并不是角，而是它们的一颗长长的门牙。独角鲸的上颌只有 2 颗门牙，其中左侧那颗很长，还穿出上唇到了外面。

如果人类有这样的身体结构……

独角鲸人

独角鲸人变身法

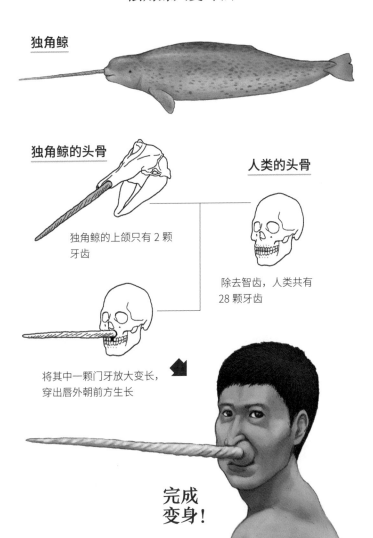

独角鲸

独角鲸的头骨

人类的头骨

独角鲸的上颌只有 2 颗牙齿

除去智齿，人类共有 28 颗牙齿

将其中一颗门牙放大变长，穿出唇外朝前方生长

**完成
变身！**

掠食行为以外的其他用途

　　独角鲸主要生活在北冰洋，它们是鲸鱼家族的成员之一，通常会 20 只左右组群同游。独角鲸有一颗门牙穿出了上唇，朝前生长，长度可达 3 米。这颗长牙上布满了神经，据说是感知温度、气压等的感觉器官。然而，通常只有雄鲸才拥有这样的长牙，似乎在很大程度上这是它们用来炫耀和吸引雌鲸的。

　　独角鲸的牙齿极具特色，但包括独角鲸在内的哺乳类，不同物种的牙齿排列方式都不一样，以至于光是通过牙齿的形状和排列方式，就可以大致辨别出是哪一种动物。哺乳类中有很多物种像独角鲸一样，拥有张扬而华丽的牙齿。海象的上颌长有长长的犬齿，雌海象的犬齿长达 80 厘米，雄海象的甚至可以达到 1 米。野猪的近亲鹿豚长相奇特，它们位于上颌的犬齿从口腔中向上生长，穿出脸部皮肤后又弯曲延伸。大象的门牙和独角鲸一样，也是朝前生长的，而已经灭绝的象科动物猛犸象，它们弯曲生长的獠牙有的甚至长达 5 米。

　　几乎所有动物的牙齿都是作为捕食工具，但哺乳类的牙齿十分多样，因而牙齿的功能也非常丰富，并不仅限于掠食行为。

哺乳类多样的牙齿

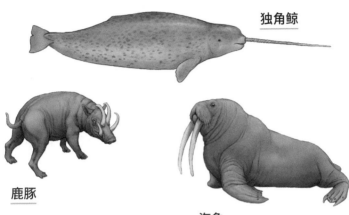

独角鲸

鹿豚

上颌獠牙穿破眼鼻间的头盖骨，朝外生长。它们的獠牙很容易被折断，带有残缺断牙的雄性鹿豚被认为是战斗中的失败方

海象

獠牙也被用于雄性海象之间的战斗，不过为了避免不必要的纷争，很多时候只是用来虚张声势

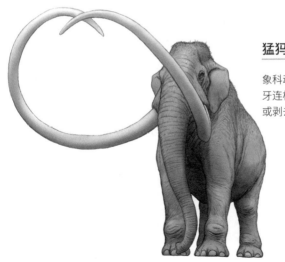

猛犸象

象科动物，能用獠牙连根拔起树木，或剥去树皮

161

熊猫

Panda

大熊猫的前掌五指并生，不似人类的手拇指能与其他四指相握。这样的手原本是无法抓握物体的，但大熊猫却能握住竹子和竹叶。原因在于熊猫从腕骨处长出的 2 根籽骨，用这两根突出的籽骨协助五指，就能抓握一些物体了。

如果人类有这样的身体结构……

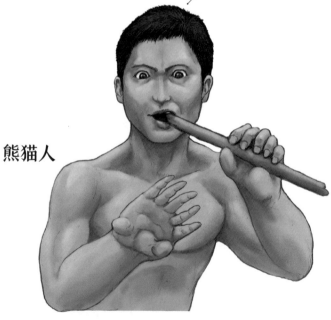

熊猫人

熊猫人变身法

熊猫的右前掌　　　　**熊猫**

第四指　第三指　第二指
　　　　　　　　第一指
第五指

人类的手骨

五指并排生长，第一指和第五
指旁边各有一根突出的籽骨

唯独第一指与其他四指位置分
开，因而可以轻松抓握物体

将第一指与其他四指呈一直
线并排，让掌骨向左右两侧
突出

完成
变身！

忘记吃肉的肉食性动物

　　熊猫用 5 根手指加 2 根突出的籽骨，可以游刃有余地拿起竹子和竹叶。它们也吃鱼、昆虫和果实等，但以竹子和竹叶为主。

　　现代野生熊猫只生活在中国西南部海拔 1200 至 3900 米高的竹林里，但从出土的化石我们可以得知，在远古时代，北达北京、南至越南的广大地区都有大熊猫生活过的痕迹。据目前所知，1100 万年前，熊猫家族中最古老的物种曾经生活在欧洲湿润的森林中，并且这些熊猫的祖先其实是肉食性动物。作为留存至今的现代大熊猫，它们依然有肉食性动物特有的短小肠道。肉类易消化，即便肠道短也能够摄取足够的营养，所以通常肉食性动物的肠道都比较短，而草食性动物的肠道则比较长。

　　熊猫保留了短小肠道的特性，却变成了"素食主义者"。熊猫大约只能消化两成左右吃下去的竹子和竹叶，再加上长期营养不良，它们一天中有一半的时间都用在了"吃饭"上。据说这种效率超低的饮食习惯是因为在气候多变的冰河时期，食物长期紧缺，于是古代熊猫开始喜欢能够轻易获取的竹子和竹叶。自从开始"吃素"后，熊猫竟然丧失了感受"荤腥"的遗传基因，以至于变得不再喜欢吃肉，哪怕从肉类食物中更容易获取营养。

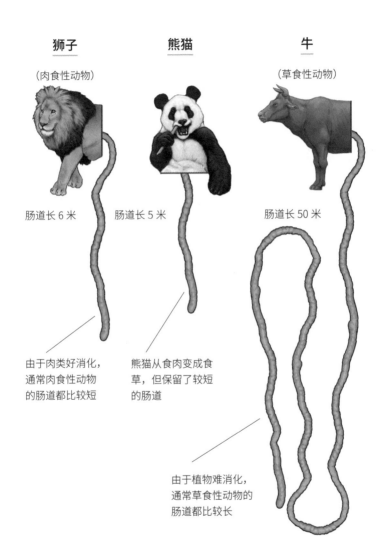

狮子　　　　　熊猫　　　　　牛

（肉食性动物）　　　　　　　　　　（草食性动物）

肠道长 6 米　　肠道长 5 米　　肠道长 50 米

由于肉类好消化，通常肉食性动物的肠道都比较短

熊猫从食肉变成食草，但保留了较短的肠道

由于植物难消化，通常草食性动物的肠道都比较长

长臂猿

Gibbon

长臂猿可以伸出长长的手臂在树林中穿行。它们的第一指很短，其余四指都非常长。长臂猿不是通过用手指握住树枝移动，而是通过用4根手指钩住树枝悬荡前行。

如果人类有这样的身体结构……

长臂猿人

长臂猿人变身法

长臂猿

第一指很短，其余四指非常长

长臂猿的骨骼

人类的骨骼

后臂骨骼与尺骨、桡骨都很长

将后臂骨骼与尺骨、桡骨拉长，第一指变短，其余四指变长

完成变身！

可以来回摆动的长臂

　　长臂猿是生活在热带雨林等炎热区域的类人猿，大家应该在动物园里见过它们。长臂猿擅长用双臂交替钩住树枝摆动着在树林中穿梭，几乎从不落地。在树上生活的猿猴中，有些物种会用长尾巴钩住树枝，以帮助它们在树上前行，尾巴起到了保持平衡的作用。但长臂猿并没有尾巴。**图❶**

　　长臂猿用长臂在树林中前行的方法称为臂行法。它们长臂悬空，利用单手松开所产生的钟摆一般的力量在树林中穿梭。**图❷** 此外，长臂猿长长的手指并不是用来牢牢抓住树枝，而是用来悬空钩挂的。这样可以使手腕灵活摆动，相当于钟摆运动时的支点。**图❸**

　　长臂猿之间的交流方式也十分独特。大家都知道雌雄长臂猿会通过歌声相互呼唤。这种行为除了能增进家族成员之间的情感，有时候也可以用来向其他族群宣示领地。不同种类的长臂猿，其鸣叫声也存在差异，因此据说可以通过鸣叫声来推断长臂猿的种类。

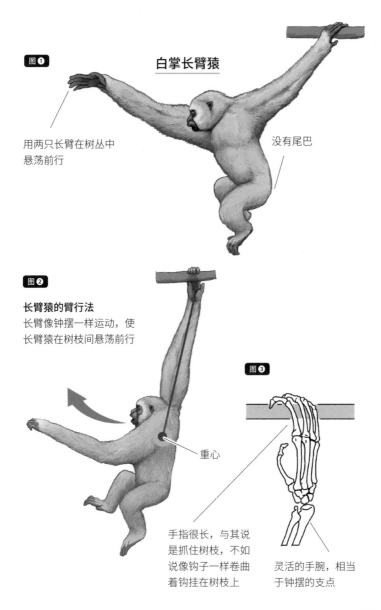

图❶

白掌长臂猿

用两只长臂在树丛中
悬荡前行

没有尾巴

图❷

长臂猿的臂行法
长臂像钟摆一样运动，使
长臂猿在树枝间悬荡前行

图❸

重心

手指很长，与其说
是抓住树枝，不如
说像钩子一样卷曲
着钩挂在树枝上

灵活的手腕，相当
于钟摆的支点

169

人类骨骼的特异性

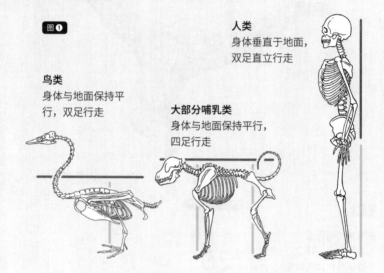

图 ❶

鸟类
身体与地面保持平行，双足行走

人类
身体垂直于地面，双足直立行走

大部分哺乳类
身体与地面保持平行，四足行走

双足直立行走的弊端

大部分哺乳类都是用四条腿走路的四足动物。最接近人类的黑猩猩等类人猿，虽然能够在短时间内用两条腿直立行走，但基本上仍属于用四条腿走路的动物。在哺乳类中，完全转变为用两条腿走路的就只有人类。

鸟类的前肢变成了翅膀，它们和人类一样都用两条（后）腿走路。然而，同样是双足行走，鸟类的身体是平行于地面的，而人类不光双脚，连身体都是垂直于地面的。身体垂直站立，让头部处于身体的正上方，形成整个身体支撑头部的姿势。

图 ❶

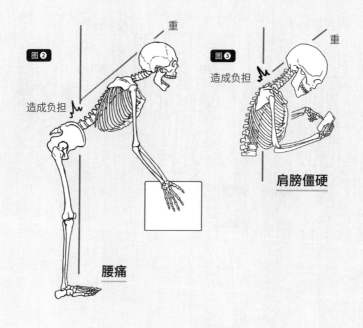

图❷

重

造成负担

腰痛

图❸

重

造成负担

肩膀僵硬

　　据说正是这样的姿势，才使人类的大脑实现了质的飞跃。然而，这种姿势会让上半身的重量都集中在腰椎上，很容易导致腰痛。另外，当人类开始农耕后，每天弯腰干农活让肌肉处于超负荷运作的状态，造成各种腰部疾病。图❷

　　不仅如此，人类用来支撑头部的颈部肌肉并不发达，身体前倾的动作会加重颈部肌肉的负担，造成肩膀僵硬。图❸ 直至今日，人们在日常生活中依然会常常做出弯腰或前倾的动作，由此引发的腰痛、肩膀僵硬也时常困扰大家。

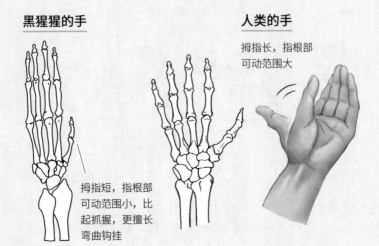

黑猩猩的手

拇指短，指根部可动范围小，比起抓握，更擅长弯曲钩挂

人类的手

拇指长，指根部可动范围大

放飞自由后双手的用途

　　人类能用双腿直立行走后，最大的好处就是让双手自由了，从用来支撑身体和辅助爬行的功能中解放出来。人类的前肢就是手臂和手。人类的双手具有拇指对向性的特点——拇指与其余四指对合，这样的手形更有利于抓握东西。拇指对向性在接近人类的类人猿以及树栖动物的身上也很常见，只不过人类的拇指较长，指根关节十分灵活，再加上发达的大脑，可以完成各种精准控制的动作——既可以抓握不同形状的东西，又能完成穿针引线等细致活儿。因此，人类用双手能完成的动作十分多，远远超过其他动物。

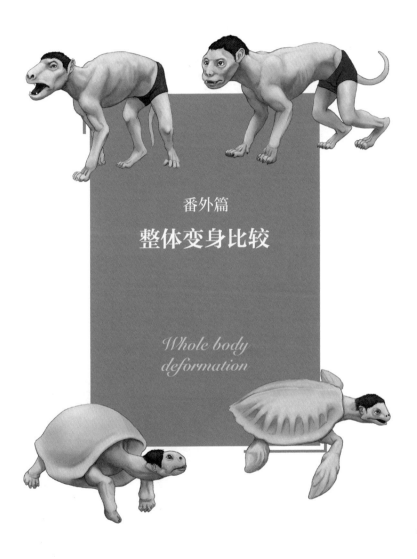

番外篇

整体变身比较

Whole body deformation

犬类和猫类

　　狗和猫是我们生活中最常见的动物，它们都是哺乳类食肉目动物，身体构造也基本差不多。然而，如果把它们来个整体大变身而非局部变身，结果会怎么样呢？我们发现，即使是看起来相似的动物，也存在着很大的不同。

犬人全身像

通常犬类的鼻尖都比较长。幼犬时较短，成长过程中逐渐变长

犬类的身体通常要比猫类结实，柔软性相对较差

只有食肉目动物才有的裂齿是用来撕裂食物的臼齿。犬类的裂齿后面还有用来研磨食物的其他臼齿

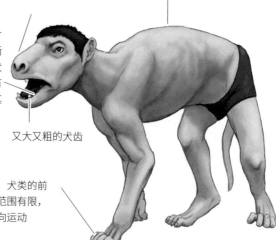

又大又粗的犬齿

与猫类不同，犬类的前脚关节可动范围有限，只能前后方向运动

174

猫人全身像

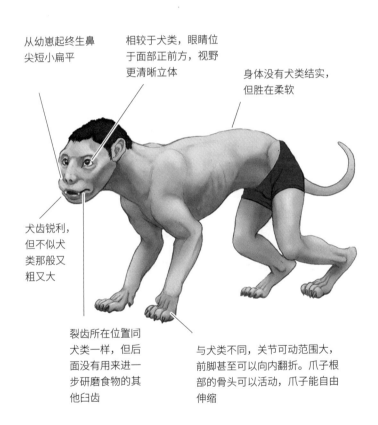

从幼崽起终生鼻尖短小扁平

相较于犬类，眼睛位于面部正前方，视野更清晰立体

身体没有犬类结实，但胜在柔软

犬齿锐利，但不似犬类那般又粗又大

裂齿所在位置同犬类一样，但后面没有用来进一步研磨食物的其他臼齿

与犬类不同，关节可动范围大，前脚甚至可以向内翻折。爪子根部的骨头可以活动，爪子能自由伸缩

据说人类饲养的犬类
起源于被驯服的狼

腊肠犬

杜宾犬

吉娃娃

法国斗牛犬

人工杂交大整形

在上两页中我们比较了普通犬类与猫类的身体，不过犬类的品种数量要比猫类多得多。据说，犬类起源于远古时代人类驯养的狼，而现在犬类有很多品种，它们的体形和狼完全不同。比如四条腿短到离谱的腊肠犬，以及吻部极其平塌的斗牛犬。为什么只有犬类有那么多品种呢？那是因为作为家畜的犬类，能够完成各种使命，而杂交后的犬类对人类更为有用。为了让狗能钻进獾窝，人类改良出了腊肠犬。像这样经过人工杂交后，即便是同一品种的狗，在外观上也会千差万别。

据说非洲野猫是家猫的
野生祖先

日本猫

俄罗斯蓝猫

阿比西尼亚猫

被家养后依然保持自我

　　进入农耕时代之后，人类便开始让非洲野猫捕捉偷吃存粮的
老鼠，于是这些野猫便被人类认为是一种有益的动物而开始饲养。
据说，这就是家猫的起源。我们比较非洲野猫和现代家猫的样子
会发现，猫的体形大小没有很大变化，品种数量也不像犬类那么
繁。相对于顺从的犬类，猫类比较难以驯服，除了抓老鼠以外
似乎没有任何其他贡献，因而品种改良也就没有任何进展。猫类，
更多的是作为宠物，以自己原本的样子受到人们的喜爱，所以品
种改良就没有使它们在外貌上发生明显改变。

陆龟和海龟

同样是龟类，生活环境不同，身体结构也会有所不同。那么陆龟与海龟的身体到底有哪些不同呢？

陆龟人全身像

龟壳高高隆起

藏在龟壳里的脖子十分灵活，能弯成 S 形，还可以完全缩进龟壳中

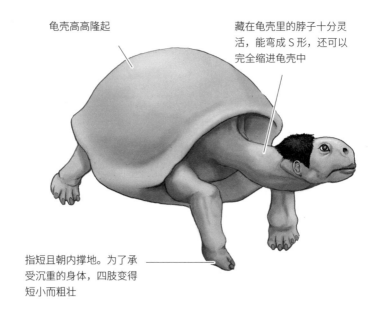

指短且朝内撑地。为了承受沉重的身体，四肢变得短小而粗壮

海龟人全身像

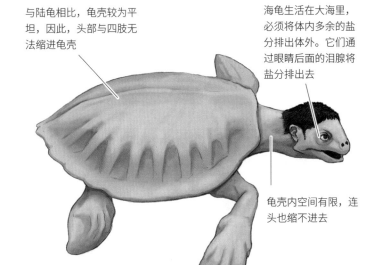

与陆龟相比，龟壳较为平坦，因此，头部与四肢无法缩进龟壳

海龟生活在大海里，必须将体内多余的盐分排出体外。它们通过眼睛后面的泪腺将盐分排出去

龟壳内空间有限，连头也缩不进去

指长，四肢呈桨状，类似海豚等动物的鳍状肢，但受这样的形状影响，四肢无法缩进龟壳内

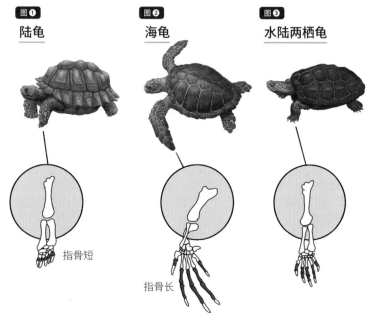

图❶ 陆龟

图❷ 海龟

图❸ 水陆两栖龟

指骨短

指骨长

环境导致形态的改变

　　陆龟与海龟都是乌龟家族的成员，却生活在各自的栖息地上。为了适应生存环境，它们四肢的形状也各不相同。苏卡达陆龟与象龟这些生活在陆地上的陆龟，指（趾）骨很短，四肢粗壮呈圆柱状支撑着身体，很适合在地上行走或挖洞。图❶ 生活在大海里的海龟，有着长长的指（趾）骨，它们的前肢呈桨状，有利于游泳。图❷ 而生活在河流或池塘中的草龟和红耳龟等，是我们熟悉的水陆两栖龟，它们的指（趾）骨长度介于陆龟与海龟之间，既能在陆地上爬行，又能在水中游泳。图❸

后 记

看到这里，不知道大家有何感想。本书以脊椎动物的演化为主题，讲述了 6 万多种脊椎动物各自不同的演化之路。

比如，作为恐龙的遗族，鸟类在 2 亿多年的时间里，将演化方向集中在结实、轻盈的骨骼构造上，把骨骼的灵活性维持在最低限度，在实现体形巨大化的同时又具备飞翔的能力。

此外，我们人类形成了双腿直立行走的姿势，即便头部很重，也能用整个身体来支撑。这有助于大脑容量的提高，让人类拥有更高的智能。

人类与鸟类因为演化方向不同，获得的能力自然也不一样。然而，无论是人类还是鸟类，都不是为了获得某种能力而主动演化的，而是顺应环境变化后才获得了某种能力。换言之，人类作为生物，并不是演化的最终形态，而是演化过程中的一个结果。

最后，与《跟动物交换身体》一样，责编北村耕太郎先生在我写作本书期间提供了诸多帮助，在有限的时间内迅速拟定出版计划并提供资料，再次表示感谢。

2020 年 8 月　川崎悟司

延伸阅读

《骨骼百科　骨架　惊人的形态与功能》
安德鲁·柯克著 布施英利监修 和田侑子译（Graphic 社）
《从骨骼看生物的进化》
让·帕蒂斯·德·帕纳菲约著 小畠郁生监修 吉田春美译（河出书房新社）
《灭绝的哺乳动物图鉴》冨田幸光著（丸善出版）
《MOVE 图鉴　动物》（讲谈社）
《MOVE 图鉴　鸟类》（讲谈社）
《MOVE 图鉴　爬行类、两栖类》（讲谈社）
《MOVE 图鉴　鱼类》（讲谈社）
《MOVE 图鉴　恐龙》（讲谈社）
《恐龙为什么演化成了鸟类》
彼得·D.沃德著 垂水雄二译（文艺春秋社）
《"生命"是什么？它又是如何演变的？》
牛顿科学杂志别册（牛顿出版）
《地球大图鉴》詹姆斯·F.鲁编（NEKO 出版）
《灭绝的哺乳动物》冨田幸光著（丸善出版）
《神秘莫测的生物史》金子隆一著（同文书院）
《特别展 生命大跃进 脊椎动物如何演化》
（日本国立科学博物馆、NHK 出版、NHK Promotion）
《古生物探索　埃迪卡拉纪、寒武纪生物》土屋健著（技术评论社）
《古生物探索　奥陶纪生物》土屋健著（技术评论社）
《古生物探索　泥盆纪生物》土屋健著（技术评论社）

《古生物探索 石炭纪、二叠纪生物》土屋健著（技术评论社）

《古生物探索 三叠纪生物》土屋健著（技术评论社）

《古生物探索 白垩纪生物》土屋健著（技术评论社）

《古生物探索 白垩纪生物 上》土屋健著（技术评论社）

《古生物探索 白垩纪生物 下》土屋健著（技术评论社）

《不思议的动物 神秘的生物世界》

牛顿科学杂志别册（牛顿出版）

《图示惊人能力的身体构造 神奇动物图鉴》

牛顿科学杂志别册（牛顿出版）

《惊天超能力、不可思议的生态 生物的超能力》

牛顿科学杂志别册（牛顿出版）

《大型哺乳动物展 2 生存作战》

（日本国立科学博物馆、朝日新闻社、TBS 东京放送、BS-TBS 株
式会社）

《石屋的美术解剖学笔记》石政贤著

《从进化树读懂进化史》长谷川政美著（BERET 出版）

《世界鲨鱼图鉴》（NEKO 出版）

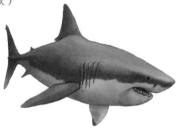

SAME NO AGO WA TOBIDASHI-SHIKI: SINKAJUN NI MIRU JINTAI DE ARAWASU DOBUTSU
ZUKAN
by Satoshi Kawasaki
Copyright © Satoshi Kawasaki 2020
All rights reserved.
Original Japanese edition published in 2020 by SB Creative Corp.

This Simplified Chinese edition is published by arrangement with SB Creative Corp., Tokyo in care of
Tuttle-Mori Agency, Inc., Tokyo through Pace Agency Ltd., Jiang Su Province.

著作权合同登记号：图字 18-2021-84

图书在版编目（CIP）数据

跟动物交换身体 . 2 /（日）川崎悟司著；董方译
. -- 长沙：湖南文艺出版社，2022.3（2024.3 重印）
ISBN 978-7-5726-0567-3

Ⅰ . ①跟… Ⅱ . ①川… ②董… Ⅲ . ①动物—普及读
物 Ⅳ . ① Q95-49

中国版本图书馆 CIP 数据核字（2022）第 010468 号

上架建议：畅销·漫画科普

GEN DONGWU JIAOHUAN SHENTI. 2
跟动物交换身体 . 2

作　　者：〔日〕川崎悟司
译　　者：董　方
出 版 人：陈新文
责任编辑：匡杨乐
监　　制：于向勇
策划编辑：陈晓梦
特约编辑：罗　钦
营销编辑：张艾茵　段海洋
版权支持：金　哲
版式设计：李　洁
封面设计：梁秋晨
出　　版：湖南文艺出版社
　　　　　（长沙市雨花区东二环一段 508 号　邮编：410014）
网　　址：www.hnwy.net
印　　刷：北京中科印刷有限公司
经　　销：新华书店
开　　本：787mm × 1092mm　1/32
字　　数：123 千字
印　　张：6.25
版　　次：2022 年 3 月第 1 版
印　　次：2024 年 3 月第 5 次印刷
书　　号：ISBN 978-7-5726-0567-3
定　　价：49.80 元

若有质量问题，请致电质量监督电话：010-59096394
团购电话：010-59320018